絵でわかる
古生物学
An Illustrated Guide to Palaeontology

棚部一成 監修
Kazushige Tanabe

北村雄一 著
Yuichi Kitamura

講談社

[ブックデザイン]
安田あたる

[カバーイラスト・本文図版]
北村雄一

はじめに——古生物学とは何か？

　古生物学は生物の歴史、ひいては地球の歴史を知るための学問です。そして、その過去を探る手がかりとなるものが化石です。化石には古い遺物という否定的な印象をもつ人もいます。しかし、見る人が適切な知識や理解に基づいて観察すれば、化石はさまざまなことを物語ってくれます。化石とは雄弁に過去を語る、歴史の生き証人だといえるでしょう。

　化石は英語でフォッシル（fossil）といいますが、これはラテン語で"掘り出された"を意味するフォッシリス（fossilis）という言葉に由来します。本来は広い意味を持ち、地下から掘りだされた鉱物や、あるいは過去の人類が残した石器やコインなどもさす言葉でした。また、地層に含まれるサメの歯や貝殻は天然に結晶した鉱物の一種ではないか、という解釈もありました。こうした解釈を覆し、地下に眠る歯や貝殻は過去の生物の遺骸であることを明らかにしたのは17世紀に活躍した、デンマークの地質学者ニコラウス・ステノという人です。これ以後、fossilisという言葉は、"古代の生き物の遺骸"という意味をもつようになりました。そしてここから地層と化石の研究が始まり、パレオントロジーという学問が誕生することになります。パレオントロジー（Paleontology）とは、ギリシャ語で古いとか昔を意味するパライオスと、存在を意味するオントスからなる複合語で、その末尾に学問を意味するロゴスをつけたものです。ちなみにロゴスとは、本来は、"語る"を意味します。

　パレオントロジーを文字通りに訳せば"古代に存在したものを語る学問"ということになります。日本語ではこれが古生物学です。地層と化石は密接な関係を持っています。生物は進化する存在なので、時代が進むに連れてその形態的特徴を変えていきます。一方、地層は堆積して出来るので、原則的に下が古く、上が新しくなっています。つまり地層の上下は相対的な時間軸でもあります。このため、地層ごとに、そこに含まれる化石はそれぞれ違うものとなります。つまり化石は地層を特徴付けるのみならず、地層が堆積した時代を特徴づける存在です。

　そして地層は石油や石炭のような天然資源を介在する場所です。18世紀半ばから始まった産業革命以降、地層が調査されるようになります。そ

して、地層の有り様と年代を知るために、化石の研究が盛んに行われるようになりました。古生物学は地層から産出する化石を収集分類、同定する学問として発達したのです。さらには過去の生物そのものについて語る学問ともなりました。

　この本では、化石によって地球の歴史がどう区分されたのかをまず紹介します。次に化石がどうやってできるのか、化石から過去の生物をどう推し量るのか、そして何がわかるのかを見ていきましょう。
　一方、古生物学は地質学や化学、地球物理学ともかかわりをもつ広い分野です。さらに生物学だけでも、バクテリアから動物、植物に至るまで、ほとんどの生物とその知識を必要とします。たとえば普通の図鑑は昆虫、魚介類、爬虫・両生類、哺乳類、鳥類、植物に分かれていますが、古生物学の本は、以上これらのすべてを全部紹介することになるでしょう。
　つまり、古生物学を一冊の本にまとめるというのはかなりの困難を伴います。この本も、ごく基礎的で簡便な内容から成り立っています。しかしそうであるからこそ、より専門的な書籍と知識を読む時の手助けや出発点になることができるでしょう。この本を読んで何か疑問に思ったり、あるいは不思議に思うことがあったらいろいろな参考書を読んでみてください。そうすれば疑問が氷解したり、あるいは新しい知識を得ることができるはずです。

　この本は多くの研究者の方に協力、助言を頂いています。これも古生物学という分野の広大さを物語っているでしょう。監修に軟体動物をご専門とする棚部一成博士。また古生代の礁については足立奈津子博士、腕足動物については椎野勇太博士、節足動物については鈴木雄太郎博士、棘皮動物については大路樹生博士、脊椎動物については大橋智之博士と高桑祐司博士に、さらに陸上植物については西田治文博士に、第四紀と氷河期に関しては北村晃寿博士に助言やご意見をうかがっています。また人類の記述については海部陽介博士に協力していただき、さらに生形貴男博士には貴重なアドバイスをいただきました。厚く御礼申し上げます。

2016 年 5 月
北村雄一

絵でわかる古生物学　目次

はじめに——古生物学とは何か？　iii

第Ⅰ部　古生物学が描く地球の歴史

1.1　地球の歴史　1
1.2　先カンブリア時代　4
1.3　エディアカラ紀　8
1.4　カンブリア紀　12
1.5　オルドビス紀　16
1.6　シルル紀　20
1.7　デボン紀　24
1.8　石炭紀　28
1.9　ペルム紀　32
1.10　三畳紀　36
1.11　ジュラ紀　40
1.12　白亜紀　44
1.13　古第三紀　48
1.14　新第三紀　52
1.15　第四紀　56

第Ⅱ部　化石に残ったさまざまな生物

2.1　化石とは何か？　60
2.2　バクテリアと石灰藻　70

2.3 原生生物　72
2.4 海綿動物　74
2.5 刺胞動物　76
2.6 エディアカラ生物群　78
2.7 節足動物　82
2.8 腕足動物とコケムシ動物　90
2.9 軟体動物　92
2.10 棘皮動物　100
2.11 筆石（半索動物）　102
2.12 脊索動物　104
2.13 植物　114

第Ⅲ部　古生物学が扱う各論

3.1 古生物の復元　122
3.2 分類学　132
3.3 系統学　136
3.4 地層と化石の年代を知る　148
3.5 大陸の分裂・移動・衝突　156
3.6 氷河期　168
3.7 古生物学の歴史　174

索引　184

以下の図版は、作製にあたって国立科学博物館の展示標本を参照しています（数字はページ）。
27 アルカエオプテリスの幹と材木の化石／29 リンボクとフウインボクの幹／49 パキケタス　ペマラムダ／51 パシロサウルス　ヒエノドン／55 アウストラロピテクス頭骨／57 スミロドン頭骨／59 ムスティエ文化の石器とオルドヴァイ型石器　アシューレアン型石器　ネアンデルタール人　ホモ・ハビリス　ホモ・エレクトス　ジャワ原人　北京原人／117ページ　クックソニア／123 バイソン　メガテリウム　スミロドン／125 ステゴドン／135 オオツノジカ

1.1 地球の歴史

1.1.1 地球の歴史は先カンブリア時代と顕生累代に分けられる

地球の歴史は大きく2つの時代に分けられています。古いほうはプレカンブリアン・タイム（Precambrian Time）、日本語では先カンブリア時代です。この時代は地球誕生の46億年前から5億4100万年前まで続きました。長い時代ですが、その大部分はバクテリアなどの小さな生物しかいなかったようです。最末期になると、固い殻をもたない所属不明の大型生物が出現しました。

次にくるのがファネロゾイック・エオン（Phanerozoic Eon）です。これはギリシャ語で、目に見える生物の時代、という意味です。硬組織をもつ多細胞動物や、さらには陸上植物が出現し、繁栄した時代で、5億4100万年前から現在まで続きます。この時代を日本語では顕生累代とよびます。

1.1.2 顕生累代は古生代より始まる

顕生累代はさらに3つの時代に分けられます。一番古い時代がパレオゾイック・エラ（Paleozoic Era）です。これはギリシャ語で"古い生物の時代"という意味になります。日本語では古生代です。古生代は5億4100万年前から2億5400万年前まで続きました。

なお、地層は化石によって区分されていますが、顕生累代のような地球の歴史は、その当時いた古生物の顔ぶれによって区分されています（後で述べるように、古生物は化石から再現されるもので、化石＝古生物ではありません）。古生代を特徴づける古生物は、三葉虫、筆石、軟体動物のオウムガイ類、腕足類、棘皮動物のウミユリ。腔腸動物の床板サンゴや四放サンゴです。また、生物相の変遷から古生代はさらに、カンブリア紀、オルドビス紀、シルル紀、デボン紀、石炭紀、ペルム紀に区分されています。

1.1.3 中生代にはアンモナイトが栄えた

　次にくるのがメソゾイック・エラ（Mesozoic Era）です。これはギリシャ語で"中間の生物の時代"という意味。日本語では中生代です。中生代は2億5400万年前から6550万年前まで続きました。この時代を特徴づける古生物は海洋ではアンモナイト（厳密にはセラタイト類と狭義のアンモナイト類）です。陸上では恐竜などの爬虫類の繁栄で特徴づけられる時代でした。中生代は古生物の顔ぶれから、三畳紀、ジュラ紀、白亜紀に分けられています。

1.1.4 新生代は哺乳類が栄えた

　以上に続くのがセノゾイック・エラ（Cenozoic Era）です。セノとはギリシャ語で新しいを意味するカイノスに由来します。つまりセノゾイック・エラとは"新しい生物の時代"という意味。日本語では新生代です。この時代は6650万年前から現在までをさし、哺乳類の繁栄で特徴づけられています。新生代は古生物の顔ぶれから、古第三紀、新第三紀、第四紀に分けられています。

　次に、これらの時代と、時代ごとにみつかる古生物とその化石とを見ていくことにしましょう。

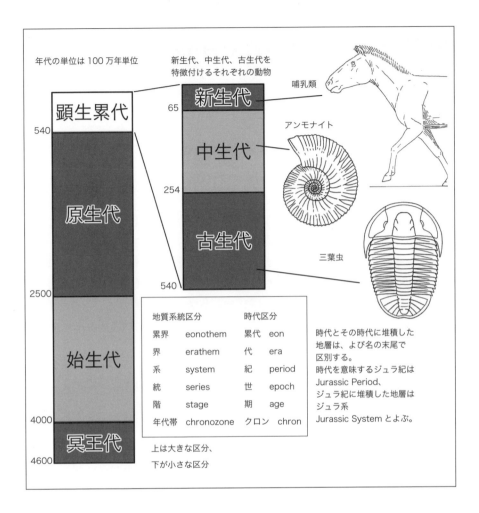

1.1 地球の歴史

1.2 先カンブリア時代
Precambrian Time
46億年前〜5億4200万年前

1.2.1 先カンブリア時代は2つ、あるいは3つに分けられる

　地質学が発展した19世紀当時、確実な化石がみつかる一番古い地層はカンブリア系（カンブリア紀に堆積した地層）でした。一方、カンブリア系よりも下位にある地層からは、確実な大型生物の化石がみつかりませんでした。そこでこれらをプレカンブリアン・システム（Precambrian System）と一括してよぶようになります。プレ（pre）とは前とか先という意味ですから、直訳すると先カンブリア系となります。そして、先カンブリア系の地層が堆積した時代を、先カンブリア時代（Precambrian Time）とよぶようになりました。先カンブリア時代は地球の誕生からカンブリア紀の始まりまでをさし、地球の歴史の88パーセントを占めています。

　先カンブリア時代とこの時代に堆積した地層は伝統的にアーキアンとプロテロゾイックの2つに分けられてきました。しかし、最近では先行するアーキアンをさらに分割して、古い時代をハデアン（Hadean）とする場合があります。この言葉はギリシャ神話における冥府の神ハデスに由来するもので、日本語では"冥王"が当てられています。時代区分ならハデアン・エラ：Hadean Era。日本語では冥王代です。冥王代は46億年前〜40億年前とされています。

　かつて冥王代を含んでいた時代がアーキアン（Archean）です。これはギリシャ語で、始原の、とか、古い、を示すアルカイオスに由来します。日本語では"始生"が当てられており、時代区分なら始生代（Archean Era）となります。これは40億年前から25億年前まで続きました。

　次にくるのがプロテロゾイック（Proterozoic）です。ギリシャ語で"より先の生物"という意味です。日本語では"原生"が当てられています。時代区分なら原生代（Proterozoic Era）となります。これは25億年前〜5億4200万年前とされています。

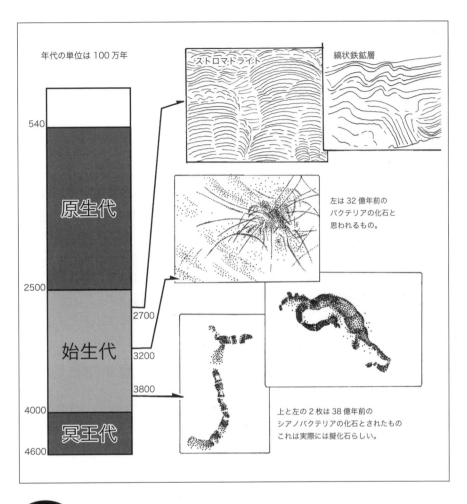

1.2.2 じつは先カンブリア紀の地層にも化石があった

　19世紀以後、研究が進むと、先カンブリア時代の地層にもわずかですが生物の化石が含まれていることがわかってきました。一番古いものは32億年前のものです。ただし、これはバクテリアの化石なので顕微鏡で見なければわかりません。一方、ストロマトライトのようなものもあります。これは光合成を行うシアノバクテリアがつくり出した層状、ないしはドーム状をした堆積構造です。確実なストロマトライトは27億年前のものなので、この頃から生物による光合成が盛んに行われるようになったの

でしょう。光合成では副産物として酸素がつくられます。当時の地球の大気（原始大気）は80％が水蒸気、残りのほとんどが二酸化炭素でした。しかし、光合成を行う生物の働きで、酸素と窒素が卓越する、現在のような組成へ変わっていきました。

大気のこうした大変化を裏付けるのが、当時堆積した縞状鉄鋼層です。これはほぼ先カンブリア時代に特有の鉱石で、それまで酸素が少ない海水中にイオンとなって溶けていた鉄が、酸素と結合して赤鉄鉱や磁鉄鉱となり、それがケイ酸塩主体の層と繰り返し、縞状になって堆積してできたと考えられています。縞状鉄鋼層はとくに27億年前〜19億年前までのあいだに堆積しましたが、これ以降の時代にはほとんど見られません。

バクテリアより大きい生物の化石で一番古いものは、21億年前の地層からみつかったグリパニアです。長さは数センチ、おそらく藻の一種だと考えられています。動物の化石はほとんどみつかりません。インドにある16億年前の地層から這い痕の化石がみつかっていますが、疑わしいとする意見もあります。15億年前の地層からみつかるホロディスキアは動物の可能性がありますが、現在の動物とは似ても似つきません。

1.2.3 先カンブリア時代には氷河期が何度か訪れた

二酸化炭素は温室効果で地球を暖めますが、これは火山噴火で大気中に供給されます。一方、雨が降ると二酸化炭素は雨水に溶け込み、炭酸となります。地上に降った炭酸は、岩石に含まれる成分と反応して炭酸カルシウムになり、石灰岩となります。

つまり、大気中の二酸化炭素は岩石になってしまうわけです。さらに先カンブリア時代にはまだ陸上植物が出現していません。岩石がそのまま露出していますから、大気中の二酸化炭素が吸収されやすい状態です。火山活動が少しとどこおれば、二酸化炭素が減少して地球の気温は下がり、氷河が発達します。

とくに極端な氷河期が先カンブリア紀の後期、9億5000万年前、7億5000万年前、そして6億2000万年前頃に訪れました。この氷河期はおそらく赤道まで凍りつく非常に厳しいものでした。これを全球凍結とよびます。

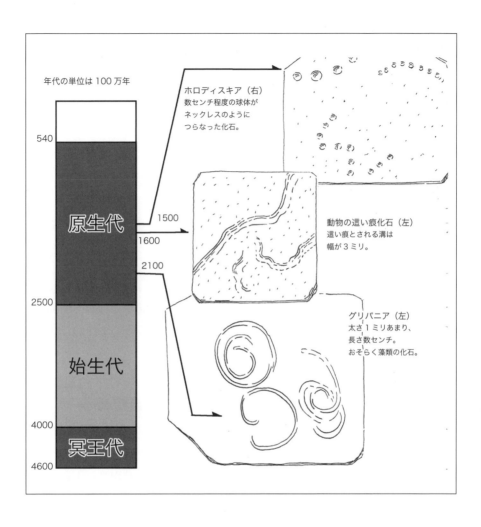

1.3 エディアカラ紀　Ediacaran Period
6億3500万年前～5億4200万年前

1.3.1 エディアカラ紀は先カンブリア時代最後の時代

　エディアカラ紀は先カンブリア時代の末期の時代であり、全球凍結を引き起こした氷河期以降の、カンブリア紀が始まるまでの時代に相当します。2004年に制定され、そのよび名はオーストラリア南部のエディアカラ丘陵に由来します。

　1946年、エディアカラ丘陵にあるこの時代の地層から化石を発見したのがスプリッグでした。ちなみにこれらの化石はいずれも印象化石とよばれるものです。湿った砂に横たわっていた生物の体の痕が地層に残ったもので、体そのものは残されていません。エディアカラ紀の生物は、のちに現れる三葉虫や二枚貝のように固い殻をもっておらず、軟体部のみからできていたことがわかります。

1.3.2 エディアカラ生物群の正体には議論がある

　エディアカラ紀の地層からみつかった化石にはいろいろなものがありました。チャルニオディスクスはウミエラのように見えました。ウミエラはクラゲなどの刺胞動物の仲間です。またあるものは、体が節（体節）からできていました。スプリッグの名前を冠された化石スプリッギナや、全長数十センチにもなるディッキンソニアがこういうものです。体節があるという特徴は三葉虫のような節足動物にみられるものです。ですから、エディアカラの化石はクラゲの仲間の刺胞動物や原始的な節足動物であると考えられるようになりました。そこで、これらの化石はエディアカラ生物群とよばれるようになります。しかし、エディアカラ生物群の正体にはまったく異なる解釈もあります。ドイツの古生物学者ザイラッハー博士は、現生動物群とは類縁関係のない絶滅生物群であると考え、ヴェンド生物類と名付けました。このよび名は、これらの化石を産出するロシアの同時代の地層の名に由来します。一方、エディアカラ生物はやはり無脊椎動物である

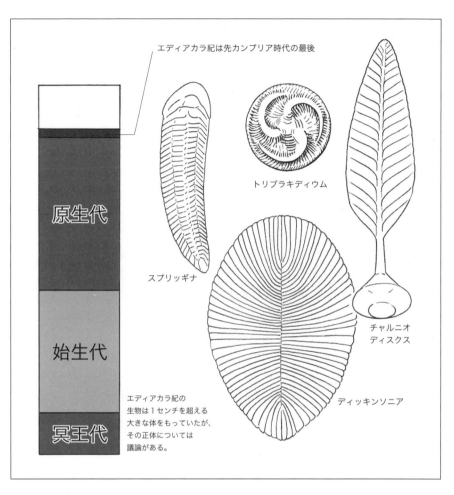

エディアカラ紀の生物は1センチを超える大きな体をもっていたが、その正体については議論がある。

という考えもあります。これはロシアのフェドンキン博士が主張した説です。これらの詳細は、2.6 エディアカラ生物群で解説します。

1.3.3 バクテリアマットに覆われた海底

　エディアカラ紀の地層を見ると、しわがよったような構造やゾウの皮膚を思わせる構造を見ることができます。先に登場したザイラッハーは、これらの構造を当時の海底がシアノバクテリアなどのつくる膜で覆われていた痕跡だと解釈しました。こうした膜をバクテリアマットとよびます。現在でも水たまりなど、大きな動物がいない場所では藻がバクテリアマット

をつくります。一方、動物がいる海底にそういうものは普通ありません。現在の世界では巻貝などが生えてきた藻を食べてしまうからです。バクテリアマットが存在したエディアカラ紀の海底には、藻を食べる動物がまだ多くなかったのでしょう。

1.3.4 軟体動物の化石

しかし当時すでに藻を食べ歩く動物が出現していたのも事実です。たとえばキンベレラという化石がみつかっていますが、ザイラッハーはこれを軟体動物だと考えました。化石の様子から背中に殻があるらしいこと、また腹側から見ると、体をつくる器官が同心円状に並んでいるからです。一方、キンベレラの周囲の地層には、ときとしてバクテリアマットをひっかいたらしい痕があります。その様子は、現在の岩礁地帯に生息するヒザラガイが藻をかじった痕に似ています。

この仮説をより詳しく実証したのはフェドンキンです。彼はキンベレラの化石を丹念に調べることで、体の前に熊手のような器官があることを明らかにしました。それを使って海底をひっかいたのでしょう。キンベレラは生活も姿も、現生軟体動物のヒザラガイに似ていたようです。また、博士はキンベレラの殻の痕跡もみつけました。しかし、これもやはり地層に残された痕だけです。おそらくキンベレラは現生軟体動物がもつ鉱物質の固い殻が未発達で、そのかわりに有機質の殻をもっていたと考えられます。

1.3.5 肉食動物が現れた

固い殻は外敵の攻撃に対する防御に役立ちます。この時代、それが多くの生物で未発達だったということは、肉食動物がいなかったということなのでしょう。しかし、エディアカラ紀の後半になると、固い殻の化石がみつかるようになります。カップをいくつも重ねたようなもので、長さは2ミリ程度、幅は1ミリにもなりません。この化石にはクラウディナという名前が与えられています。クラウディナをつくった生物の正体はわかりませんが、しばしば殻に被食痕と考えられる穿孔穴が観察されます。多分、ほかの肉食動物がクラウディナの殻に穴をあけて、中身を食べてしまったのでしょう。つまり肉食動物が出現し、それに対抗する固い殻が出現するようになっていたのです。これ以後、カンブリア紀に入るとエディアカラ

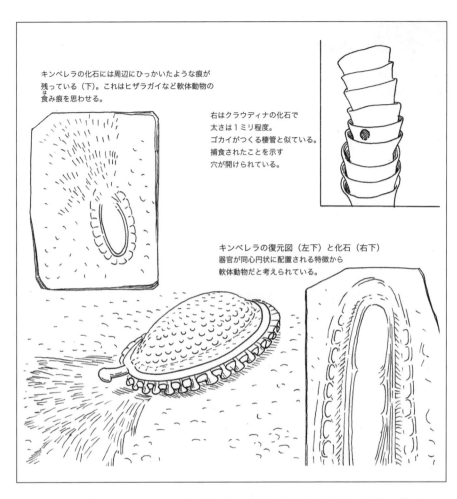

キンベレラの化石には周辺にひっかいたような痕が残っている(下)。これはヒザラガイなど軟体動物の食み痕を思わせる。

右はクラウディナの化石で太さは1ミリ程度。ゴカイがつくる棲管と似ている。捕食されたことを示す穴が開けられている。

キンベレラの復元図(左下)と化石(右下)
器官が同心円状に配置される特徴から軟体動物だと考えられている。

紀の生物たちはことごとく姿を消し、肉食動物と殻をもつ動物の化石がみつかるようになります。また、海底を覆う藻類のマットもやがて姿を消すこととなりました。

　化石の証拠から、カンブリア紀に入るとエディアカラ紀の生物たちはことごく姿を消し、肉食動物と石灰質の殻をもつ動物が出現したことがわかります。それにともない、底生動物の活動によって海底を覆うバクテリアマットもやがて姿を消すこととなりました。

1.4 カンブリア紀
Cambrian Period

5億4100万年前〜
4億8500万年前

1.4.1 鉱物質の骨格をもつ化石がみつかる時代

　古生物学と地質学が発展し始めた19世紀イギリスでは、当初、特徴的な旧赤色砂岩より下の地層はすべて一括して扱われていました。そこからカンブリア系（Cambrian System）を区別したのは、イギリスの地質学者セジウィックで、1835年のことです。カンブリアというよび名は基準となった地層があるウェールズを表すケルト語から派生したローマ綴りに由来します。

　この時代の地層の特徴は、鉱物質の骨格をもつ化石が豊富にみつかることです。古杯類もその1つで、外見はカップ状から分岐状など多様な形態を示します。おそらく海綿の仲間で、炭酸カルシウムの骨格をもっていました。古杯類は現在のサンゴと同じように、礁（リーフ：reef）の形成者であったようです。ただ、古杯類はカンブリア紀前期中には衰退し、やがて滅び去ってしまいました。また、カンブリア紀には一見すると二枚貝に似た、腕足動物の化石がみつかるようになります。

1.4.2 三葉虫がおおいに栄えた

　しかし、カンブリア紀の化石を代表するものといったら、やはり三葉虫でしょう。この時代からみつかる化石の多くが三葉虫であり、彼らがおおいに栄えたことがわかります。また、ヨーロッパからは三葉虫オレネルスがみつかりますが、オーストラリアと南中国からは別の三葉虫レドリキアがみつかります。おそらく当時、これらの地域は遠く離れていて、動物の行き来が難しかったのでしょう。現在でも離れた大陸とその周辺の海の動物たちは、すんでいる種類が違っているものです。

　三葉虫の体を覆う殻は、二枚貝と同様、非常に固いものでした。それゆえ多くの化石が残りました。また発達した眼をもち、体には明瞭な前後左右がありました。この動物が周囲を見ながら前進し、左右に向きを変え、

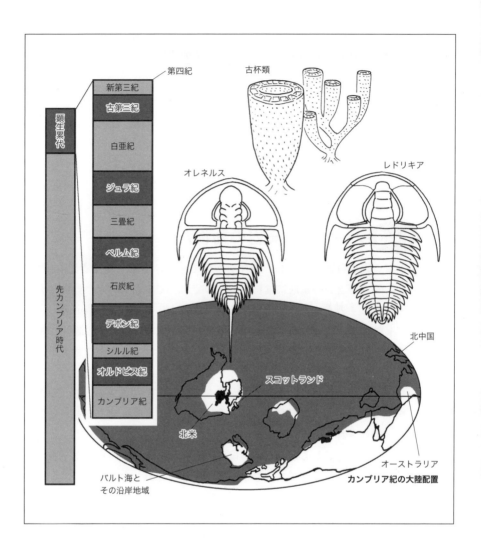

自在に運動したことは明らかです。筋肉と、それを操作する神経が十分に発達していたこともわかります。

　三葉虫がカンブリア紀になっていきなり出現するのは、19世紀の研究者ダーウィンにとっては非常な難問でした。ダーウィンが提案した自然淘汰説は連続的でゆっくりした進化を想定していました。三葉虫のように完成された動物がいきなり現れることは理論上ありえません。ダーウィンにとって三葉虫の出現は解くべき問題だったのです。

1.4　カンブリア紀

じつはカンブリア紀には三葉虫よりも原始的な動物も存在していました。ただ、化石に残りにくかっただけなのです。たとえばエビやカニのキチン質の殻にはカルシウムが含まれていて強化されていますが、腕足類や三葉虫の殻ほど固くはなく、多くは化石として残りません。このような動物が化石としてきれいに保存されるには、特別な条件が必要であり、そういう地層はごくまれにしかありません。カナダにあるバージェス頁岩はそのひとつでした。そしてバージェス頁岩がみつかったのはダーウィンよりもあと、20世紀の初頭になってからです。

1.4.3 バージェス頁岩の動物たち

頁岩は泥の層が長い時間をかけて圧密、変形してできたもので、酸素が乏しい水底に堆積したものです。ですから本来、動物はそこにはすめません。バージェス頁岩に含まれる化石は、浅い海にいた動物が、乱泥流などによって酸欠状態の水底に運ばれ、急速に埋められたものなのでしょう。カンブリア紀にはすでに肉食動物がいましたが、酸欠の海底には死体を食い荒らす動物はすめません。さらに、バクテリアによる分解からも免れることになりました。こうしてバージェス頁岩では、固い骨格だけでなく軟体部までもが見事に保存されることになったのです。

これを詳しく研究したのは、1909年、アメリカの古生物学者ウォルコットが最初です。ウォルコットは、発見したマルレラ、シドネイア、オパビニアなどを、三葉虫のような固い殻をもたない、原始的な節足動物であるとしました。彼の見解は現在の目から見てもそれほどおかしなものではありません。マルレラやシドネイアはおそらく三葉虫に近縁な節足動物です。そしてオパビニアは三葉虫を含む節足動物に類縁がある、原始的な種族でした。

バージェス頁岩からは有名な化石アノマロカリスもみつかっています。これは全長数十センチに達し、この時代、最大の動物でした。アノマロカリスも節足動物に類縁であるようです。しかし体が柔らかく、特徴に不明瞭な点があります。足があるのかないのか議論があるのもそのひとつです。しかし、さまざまな産地から産出する化

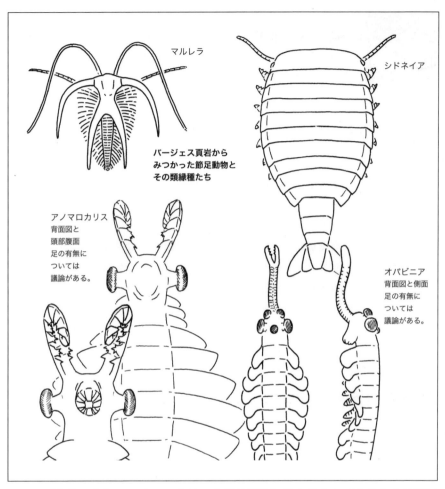

バージェス頁岩から
みつかった節足動物と
その類縁種たち

石を比べると、アノマロカリスも節足動物に連なるものであることはほぼ間違いありません。

　これら例外的によく保存された化石を含むカンブリア系は、バージェス頁岩以外にも知られています。たとえばバージェス頁岩よりも時代が古い、カンブリア紀前期の中頃、中国のチェンジャン（Chengjiang：澄江）や、グリーンランドのシリウス・パセット（Sirius Passet）などがその代表です。

1.5 オルドビス紀
Ordovician Period

4億8500万年前～
4億4380万年前

1.5.1 筆石で認識された地層と時代

　1835年、セジウィックは旧赤色砂岩より下の地層をカンブリア系として定義しましたが、地質学者マーチソンは後述するシルル系（Silurian System）としました。じつのところカンブリア系とシルル系には重複する部分がありました。これに気づいた古生物学者ラップワースが、1879年、層序学的に重複部分を分離して再定義したのがオルドビス系です。オルドビスとは基準となった地層のあるウェールズ地方にかつていた部族、オルドビシス（Ordovices）に由来します。

　オルドビス紀に堆積した地層からは筆石の化石がみつかります。見た目は植物片のようですが、実際にはギボシムシなど半索動物の仲間です。層準ごとにみつかる種類が変わるので、地層の区分に大変重宝するものです。こういう化石を示準化石といいます。

1.5.2 浮遊性の筆石

　ラップワースも筆石を使って地層を識別、区分しました。筆石は細かい泥からできた黒い地層でみつかります。海底の泥や砂は河川が運びます。きめの粗い砂は河口近くで堆積し、細かい泥は陸から遠く離れた海に堆積します。ですからこれらの筆石は陸から離れた海にいたのでしょう。しかし地層の色は黒く、当時の海底が酸欠のヘドロ状態だったことを示しています。筆石は動物ですから酸欠の海底にはすめません。これらの筆石は酸素のある海面近くを漂って生活していたのでしょう。

1.5.3 固い骨格をもつ魚やサンゴ、直角貝が繁栄した

　コノドントとよばれる部分化石がたくさんみつかるのもこの時代からです。これらは1ミリかそれ以下の大きさで、いまでは原始的な魚の一群がもっていた摂食器官であることがわかっています。この化石も地層の区分

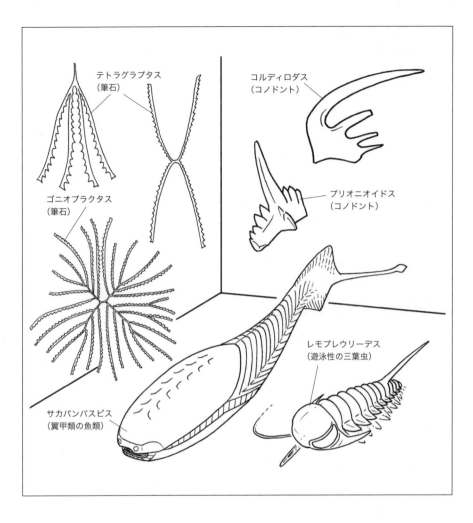

に有効な示準化石となります。コノドント動物は固い骨格はもっていませんでしたが、オルドビス紀の中頃にはサカバンバスピスのように、外骨格や鱗で体を覆う魚が現れます。

　オルドビス紀は三葉虫がさまざまな環境に進出した時代でもありました。陸から離れた外洋では遊泳性のレモプリウリーデスが海水中を泳ぎ回っていました。一方、陸地に近い海では、前の時代に栄えたオレネルスたちは数を減らし、代わってアサフスとその仲間がおおいに栄えるようになります。

浅く暖かい海には礁も発達していました。最初はバクテリアなど微生物類のつくるストロマトライト様構造がおもに礁を形成していましたが、床板サンゴや四放サンゴが次第に数を増やしていきました。これらのサンゴは古生代に栄えた種族で、現在のサンゴとは別系統です。礁をつくる動物にはほかに層孔虫やウミユリの仲間がいました。

　礁の周辺には頭足類のオウムガイ類も泳ぎ回っていました。オウムガイ類は軟らかい体の外側に石灰質の殻をつくりますが、殻の中にガスのたまった部屋をつくり、それにより浮力を得て水中を浮沈したり、遊泳することができました。頭足類はカンブリア紀後期から化石記録が知られていますが、大型化し種数を増やしたのはこのオルドビス紀からです。この時代には直錐状ないしは曲錐状の殻をもったオルソセラスたちが栄えました。これらは直角貝ともいいます。中には殻の長さが10メートル近くに達するものもいました。

1.5.4 最初の大量絶滅

　オルドビス紀の海成層（海でできた地層）からは、現在は陸地であるヨーロッパから筆石や三葉虫の化石が広くみつかります。これは、海の水位がいまよりも高く、ヨーロッパが水没していたことを示しています。詳しくは後述しますが、おそらく、海底が現在よりも底上げされて、海水が陸地にまであふれ出していたのでしょう。火山活動と放出される二酸化炭素で温室効果が強く、気候も暖かくなっていたようです。深い海底の地層が黒くなっていたのもその証拠です。暖められた海の水は軽くなって沈みません。そうなると深い海底には酸素を含んだ新鮮な水が沈んでこなくなり、よどんだ酸欠状態になります。

　ところが、オルドビス紀末期の地層を調べると、氷河が存在していた証拠がみつかります。すでに説明したように、当時の地球は岩石が広く露出していたので、二酸化炭素が失われやすい状況にありました。ですから何かの拍子に寒冷化が起こりやすい状態でした。それにこの時代、移動する大陸がちょうど南極点にやってきました。陸は海よりも冷えやすく、雪が積もります。夏のあいだに溶け切らなかった雪は根雪となり、ついには氷河になります。氷河は白く、太陽光線をはね返すので周囲を冷やします。すると雪がさらに降る、すると周囲がさらに冷える。氷河は一気に拡大し、

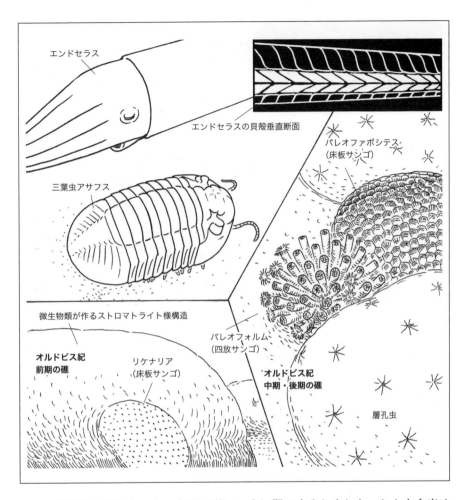

温暖な地球はあっという間に厳しい氷河期に突入しました。しかも今度は突然、それが終わってしまいます。氷で大地が覆われれば、大気中の二酸化炭素が失われにくくなり、温室効果が再び強まるからです。オルドビス紀末に起きたこの急激な気候変動で、大量の生物が一斉に滅び去りました。顕生累代ではこうした大量絶滅が5回起こりましたが、これが第一のものです。

1.6 シルル紀
Silurian Period

4億4380万年前〜
4億1900万年前

1.6.1 シルル紀にはウミサソリが繁栄した

　1839年に、旧赤色砂岩よりも下の地層をマーチソンがシルル系（Silurian System）と名付けたのが始まりです。名前の由来は基準となる地層のあったウェールズ地方にかつていた部族、シルレス（Silures）です。こうして、旧赤色砂岩よりも下方の地層はカンブリア系、オルドビス系、シルル系とよばれることになります。ただし紆余曲折があって、スウェーデンの島ゴトランドの名前がこの時代と地層に用いられたことがありました。たとえばゴトランド紀（Gotoland Period）という具合にです。

　オルドビス紀末期の大量絶滅から生物はすみやかに回復しました。シルル紀の地層からは前の時代に引き続き、コノドントや筆石、三葉虫の化石がみつかりますが、それぞれ顔ぶれがかわりました。たとえば筆石はモノグラプツス類とよばれるものが栄えるようになりました。三葉虫ではオルドビス紀に栄えたアサフスの仲間はほぼ消え去り、カリメネなどがおもにみられるようになります。また、三葉虫は以前の時代よりも種類が減りました。かわってほかの節足動物であるウミサソリが繁栄を始めます。

　ウミサソリは大きな半円形の頭をもち、それが幅広い胴体とつながります。これは三葉虫と同じ特徴で、三葉虫とウミサソリは系統的に近い関係にあることを示しています。ただしウミサソリは触角をもちません。それにウミサソリの体を覆う殻は三葉虫よりも柔らかいものでした。このため、ウミサソリの化石の保存は三葉虫ほどよくはありません。ウミサソリの大きさは10数センチ程度ですが、プテリゴトゥスのように全長が1メートル、あるいはそれ以上に達する化石もみつかっています。

1.6.2 層孔虫とサンゴがつくる礁が発達した

　暖かな海ではオルドビス紀に引き続き層孔虫が繁栄し、礁が発達していました。層孔虫は絶滅した海綿動物の仲間だと考えられていますが、次に

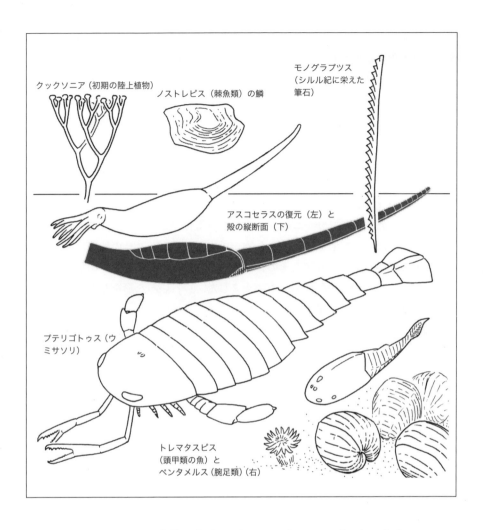

述べるサンゴよりも数が多く、目立っていたグループです。当時、スウェーデンのゴトランド島は赤道付近にありましたが、この時代の地層からは層孔虫によって形成された、何十メートルもある礁がみつかっています。

　層孔虫に次いで繁栄していたのがサンゴです。前のオルドビス紀にはまだ目立たなかった床板サンゴや四放サンゴは、シルル紀に入って礁を構成する主要なメンバーとなりました。とくに床板サンゴの仲間が一番栄えたのがこの時代です。ただし、前に述べたようにこれら古生代のサンゴは、現生のサンゴとは別系統の種族です。

床板というよび名は、体を支える構造に由来します。サンゴはイソギンチャクに似た動物です。集団で暮らすサンゴは土台となる共通の骨格をつくり、一匹一匹がその中に開いた穴に入り込みます。このとき、穴の中に体を支える床板のような構造をつくります。この床板状の構造は現在のサンゴにもみられるものですが、床板サンゴはほかの構造が単純で、床板がよく目立つのが特徴でした。

　床板サンゴでとくに栄えたのは、体を入れる穴が蜂の巣状に並んだハチノスサンゴの仲間です。ほかには、体を入れる穴がまるで太陽を描いたように見える日石サンゴ、体を入れる穴が鎖のように並んだクサリサンゴがいました。クサリサンゴはシルル紀を特徴付ける床板サンゴです。

　礁にはほかにもさまざまな動物がいました。ウミユリの仲間、あるいは腕足類のペンタメルスとその仲間もたくさんみつかります。頭足類では直角貝の仲間がこの時代に一番栄えました。いろいろな形をした直角貝の化石がみつかっています。

1.6.3　魚類が数を増やし、植物が陸上に上がった

　シルル紀は魚が数を増やし始めた時代でもあります。たとえばエストニアの島、サーレマー島にはシルル紀後期の海成層がありますが、ここからさまざまな魚の化石がみつかります。これらのほとんどは顎をもちません。原始的な魚は顎をもたず、口は単なる穴でした。また、どれも体が固い骨格で覆われていました。顎をもつ魚ノストレピスの鱗もみつかっていますが、これは棘魚類です。

　これまでの時代、陸上にはまだ生物がいませんでした。しかし上部オルドビス系からシルル系からは陸上植物が存在した証拠がみつかり始めます。姿のわかる一番古い化石はシルル紀中頃のクックソニアです。いくつかの標本から、水を運ぶ維管束がみつかっているので、シダや種子をつける植物に近縁のものもあるようです。ただし、クックソニアとされている化石には、似た形をした別系統の植物が混ざっている可能性が指摘されています。一方、植物の上陸と時を同じくして、クモやヤスデの化石がみつかっていますから、動物もシルル紀後期に陸へ進出したことがわかります。

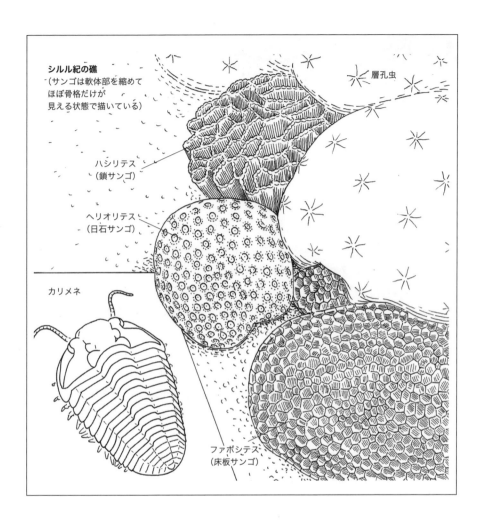

1.7 デボン紀
Devonian Period

4億1900万年前〜
3億5900万年前

1.7.1 赤茶けた砂が堆積した乾いた時代

　1839年にマーチソンとセジウィックによって定められたのが始まりで、名前の由来は基準となった地層があるイギリスのデボン州（Devon-shire）です。この時代の地層としてよく知られているのが、旧赤色砂岩（Old Red Sandstone）です。西欧には赤い色の砂が固まってできた厚い砂岩の地層がありますが、これは新旧2つあります。古いものが旧赤色砂岩であり、おもにデボン紀に堆積しました。赤っぽい砂は砂漠のように乾燥した気候でできるものですから、当時、西欧は砂漠ができる緯度にあったことがわかるでしょう。

　海では、かつて栄えた筆石は数を減らし、浮遊性の種類はデボン紀の前期には滅び去ってしまいます。筆石自体は石炭紀の中頃まで存続しましたが、それらは固着性の種類でした。一方、コノドントは引き続き栄えていました。またこの時代の中頃になるとアンモナイト類が栄え始めます。これは直角貝と同じ頭足類ですが、殻が巻いているのが特徴でした。アンモナイト類の中でもゴニアタイトやクリメニアの仲間が繁栄しました。一方、オウムガイ類である直角貝たちのほうは数を減らしていきます。

　礁環境では層孔虫がさらに繁栄していました。サンゴは顔ぶれが変わり、シルル紀に栄えたクサリサンゴは絶滅して、もはやいません。デボン紀は四放サンゴが多様になった時代です。ただしそれらの多くは単独で生活するもので、礁の形成に参加するようなものではありませんでした。

　三葉虫はファコプスが代表的です。これは体をダンゴムシのように折り畳んで、外敵から防御することができました。一方、ドロトプスのように棘をもつ種類も目立ちます。水中には未だにウミサソリがいましたが、いまや最大の捕食者は顎をもつ魚たちです。魚はリン酸カルシウムでできた固い歯をもちます。これは三葉虫の外骨格も破壊できるものでしたから、三葉虫の棘は防御の役割を果たしたのでしょう。

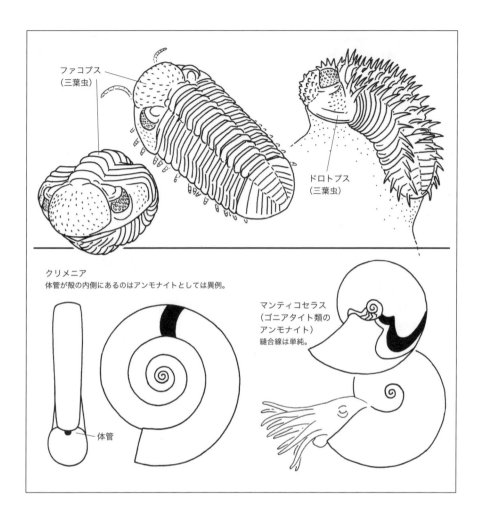

1.7.2 魚が大繁栄をし、陸にも上がった

　顎のない魚も引き続き存続していましたが、魚類の主役は顎をもつ魚たちに変わりました。サメのような軟骨魚類、頭部と胸部を固い骨格で覆った板皮類、長い棘を鰭にもつ棘魚類、ニシンやスズキなどにつながる条鰭類、そして肉質の鰭をもった肉鰭類。これら魚類の大グループがすべて顔をそろえたのはこの時代だけです。このためデボン紀は魚類の時代ともよばれます。中でも繁栄したのは板皮類です。デボン紀後期にいたダンクル

オステウスは頭部と胸部の骨格部分だけで2メートル、全長6〜7メートルに達した板皮類でした。この魚は、この時代最大の動物のひとつです。

　一方、私たちにとって重要なのが肉鰭類です。鰭が肉質の柄になっているのが特徴で、一部は淡水に進出し、デボン紀後期になると頑丈な鰭で河川の水底をかき分けながら動き回るものが現れます。アカントステガやイクチオステガがそういった種族です。彼らはまだ水中生活者でしたが、すでに鰭の先は指になっていました。こうした種族からついには陸上生活をするものが現れることになります。

　植物はすでにシルル紀後期には陸上に進出していましたが、デボン紀後期になると樹木が現れます。そのひとつはアルカエオプテリスで、地球で最初の森林をつくりました。アルカエオプテリスは現在の針葉樹と同じような材木をつくる樹木でしたが、種子ではなく胞子で繁殖していました。一方、ほぼ同じ頃にモレスネチアのような、種子をつくる植物（種子植物）の化石がみつかるようになります。樹木の出現に引き続き、種子をつける植物が現れたのです。

1.7.3　2回目の大量絶滅

　デボン紀の後期には再び大量絶滅が起こりました。しかも、複数の絶滅が連続して起きています。デボン紀はさらにいくつかの時代に細分されます。デボン紀後期を占める3つの時代、ジベチアン（Givetian）の最後（3億8300万年前）と、フラスニアン（Fransnian）の最後（3億7200万年前）、そしてファメニアン（Famennian）の最後（3億5900万年前）におのおのの絶滅が起こりました。絶滅事変が続けて3回起きたともいえます。

　この時代、大気中の二酸化炭素の量が低下した証拠があります。陸上植物は光合成で二酸化炭素を消費しますから、彼らの繁栄が原因かもしれません。温室効果は失われ、デボン紀後期になると再び氷河時代が訪れました。熱帯の海の生物は大きな被害を受けて、礁を構築した層孔虫やサンゴなどはほぼ壊滅状態に陥ります。しかし、絶滅事変前後の化石の記録をよく調べると、海底付近に生息した動物が大きな被害を受ける一方で、陸上の生物は被害は少なく、さらに海の生物でも遊泳性の動物は影響が少なかったようです。当時の海底に積もった地層からは、黒い泥の層がみつかります。これは海底がよどんだ酸素の乏しい水で覆われていた証拠です。

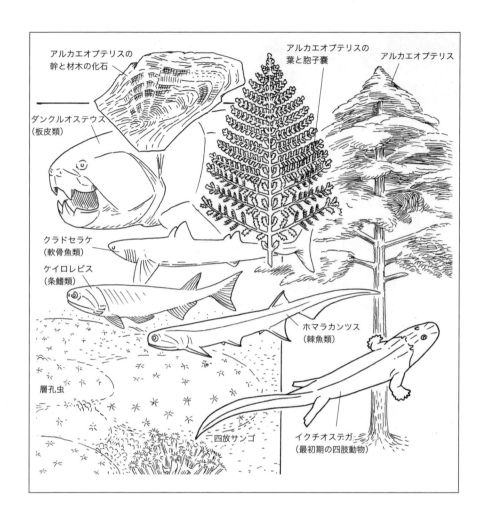

絶滅の偏りはこうした酸欠状態の海水が海底に沿って拡大したせいかもしれません。

1.8 石炭紀
Carboniferous Period
3億5900万年前～
2億9900万年前

1.8.1 石炭の時代

　1822年、イギリスのコニーベアとフィリップスが、イングランドやウェールズの石炭を豊富に産出する地層を区分、命名したのが始まりです。よび名のカーボニフェラスは石炭を意味するコール（coal）ではなく、むしろ炭を意味するカーボン（carbon）に由来します。意味は"石炭を産出する"です。

　一方、米国では伝統的にこの時代の地層を2つに分けてきました。下にあって古いほうは石灰岩などよりなり、これをミシシッピー系（堆積した時代は3億5900万～3億2300万年前）とよんでいました。よび名は地層がミシシッピー川の上流にあるからです。その上に重なる石炭が豊富にみつかる地層は、ペンシルバニア系（堆積した時代は3億2300万年～2億900万年前）です。これはペンシルバニア州に地層があることに由来します。現在、国際的には紀や系の名称としては石炭が使われ、ミシシッピーとペンシルバニアの名称はそれより下位の区分である世や統に使われています。

　この時代、インドと南半球の大陸はひとつにまとまってゴンドワナ大陸を形成し、南極点の周辺に集まっていました。地層を見ると、氷河の存在を示す痕跡がみつかりますから、石炭紀後半の南半球は、広く氷河に覆われていたことがわかります。一方、西欧と北米はひとつになってローレンシア大陸を形成し、赤道付近で南半球の大陸とつながっていました。この熱帯域で当時、大森林をつくっていたのがレピドデンドロンやシギラリアといった樹木です。これが西欧や北米の主要な石炭となりました。

1.8.2 繁栄した樹木は現在の樹とは別系統だった

　レピドデンドロンはギリシャ語で"鱗の幹"という意味ですし、シギラリアはラテン語で"印を押されたもの"という意味。日本語では鱗木（リ

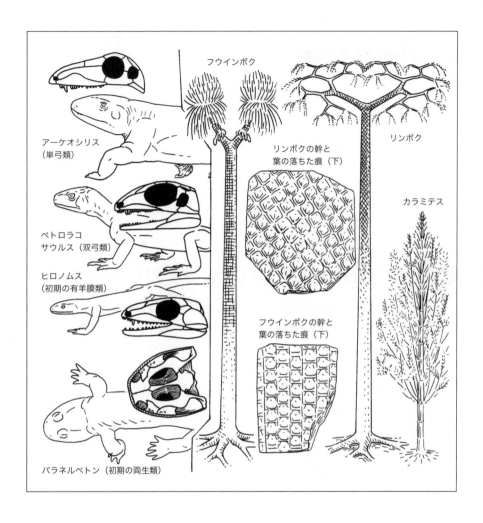

ンボク）と封印木（フウインボク）が当てられています。どちらも幹の表面に紡錘形または六角形の模様が規則的に並ぶのが特徴で、よび名もこれが由来。この模様は葉が落ちた痕です。こうした特徴などからすると、これらの大木はヒカゲノカズラやミズニラに近いもので、種子植物である現在の樹木とは別の樹木であり、巨大なシダ植物でした。以上とは別のシダ植物ですが、現在のスギナの仲間であるカラミテスも巨大な樹木になっていました。

　レピドデンドロンやシギラリアは沼地や湿地に生えていました。これら

の樹木が枯れたり倒れたりしたりすると土砂に埋まり、堆積が進むと土地はその重みで沈下します。そうして深い深度に達した樹木は地熱の作用で大量の石炭となります。ただ、ひとつひとつの石炭の層は厚くても10メートル程度で、石炭の層と層の間には水底で堆積した泥の層や、石灰岩の層がはさまっています。おそらく、海の水位が上下して、同じ場所が海底になり、そして再び淡水の湿地になって森になる、これを繰り返したのでしょう。このような堆積サイクル、またはこうしてできた地層をサイクロセム（cyclothem）とよびます。意味はギリシャ語で"円環の堆積"となります。当時の地球は氷河期でした。氷河が拡大すれば海の水は減り、縮小すれば元に戻ります。サイクロセムは、氷河の拡大と縮小に対応した海水準の変動が原因ではないかと考えられています。

1.8.3 陸上脊椎動物とフズリナ、ウミユリが栄えた

　コノドントなどを除くと、デボン紀後期の絶滅で顎のない魚はほぼ死に絶えました。顎のある魚でも板皮類は絶滅し、棘魚類も目立ちません。石炭紀の海で栄えたのは軟骨魚類と条鰭類です。肉鰭類は巨大な肉食種が現れる一方で、四肢を使って陸上進出を果たしたものがおおいに栄えました。石炭紀前期の水辺の森には、現在の両生類の祖先でもあるバラネルペトン、爬虫類と哺乳類の共通の祖先に近いヒロノムスがいました。石炭紀後期になると、現在の爬虫類（双弓類）の系統であるペトロラコサウルス、さらに私たち哺乳類に連なる系統（単弓類）であるアーケオシリスが現れます。

　デボン紀末期の絶滅はアンモナイトにも深刻な影響を与え、ゴニアタイトやプロレカニテスが生き残っただけです。しかし石炭紀に入ると、生き残りから再び多様な種類が現れます。

　三葉虫はフィリップシアがいましたが、たいそう種数を減らしました。礁に目をやると、この時代、石灰藻やコケムシ、サンゴがバクテリアとともに礁を形成し、層孔虫は姿を消してしまいました。石炭紀を代表するのは四放サンゴ、ケイチョウフィラムでしたが、このサンゴは礁の主役ではありませんでした。

　石炭紀はフズリナが出現しておおいに栄えました。これは有孔虫とよばれる、石灰質の殻をもつ単細胞生物（原生動物とよばれるもの）ですが、大きさが数ミリ程度あります。フズリナは海成層の時代区分や、対比に有

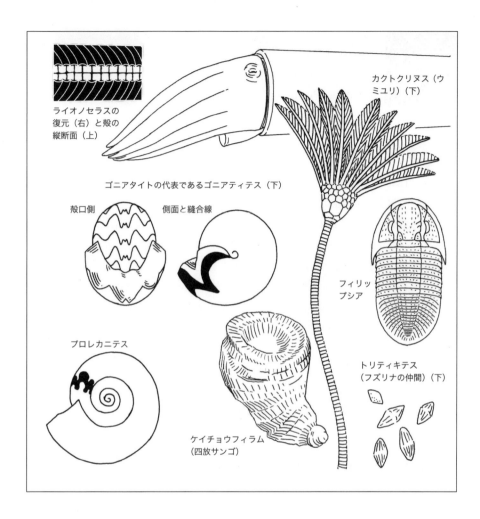

効な示準化石です。また、ウミユリも栄えました。外見は海底に咲く百合のようなのでこの名がついていますが、これはウニやヒトデの親戚で棘皮動物です。ウミユリは体の大部分が炭酸カルシウムでできていたので、ウミユリの骨格がバラバラになり堆積してできた石灰岩もみつかります。

1.9 ペルム紀
Permian Period

2億9900万年前〜
2億5200万年前

1.9.1 新しい赤色砂岩

　1841年、イギリスの地質学者マーチソンが、ロシア東部の地層に基づいて区分、命名したのがペルム系（Permian System）です。ペルムはかつてロシア東部にあった国の名前に由来します。ペルム系に対して、デイアス（Dyas）というよび名もあります。これは1853年に提案されたもので、ギリシャ語で"2つのもの"を意味するデュアスに由来します。ドイツなどに分布する2つの地層、新赤色砂岩（New Red Sandstone）と苦灰岩を表現したもので、日本語では二畳紀の訳名がつけられていました。デイアスと二畳紀は現在では使われていません。

　新赤色砂岩は石炭紀の地層の上に重なっていました。つまり地層の重なりを順番に見ていけば、石炭紀に大森林が広がり、そのさらに上に、再び赤い砂岩が堆積したことになります。かつて、ドイツなどの地域では、石炭紀の湿った気候から、ペルム紀の乾燥した気候へ変化していったことがわかります。

1.9.2 氷河期が終わり、乾いた時代が訪れた

　この時代、世界中の大陸は1つになり、超大陸パンゲアをつくっていました。インドは南半球の大陸と1つに合わさっており、これらの地域のペルム紀初期に堆積した地層からは氷河の痕がみられます。しかし、その上の地層からはグロッソプテリスという植物の化石がみつかります。このことから、それまで南半球を広く覆っていた氷河が、ペルム紀中頃になって退いたことがわかるでしょう。一方、当時の赤道にあった北米とヨーロッパは乾燥していきました。石炭紀に広がった森がペルム紀に消えたのはこれが理由でしょう。石炭紀に栄えたレピドデンドロンやシギラリアの仲間は滅亡、あるいは衰退しました。そのかわり、乾燥に強くて種子をつけるさまざまな裸子植物が栄えるようになります。陸上脊椎動物では原始的な

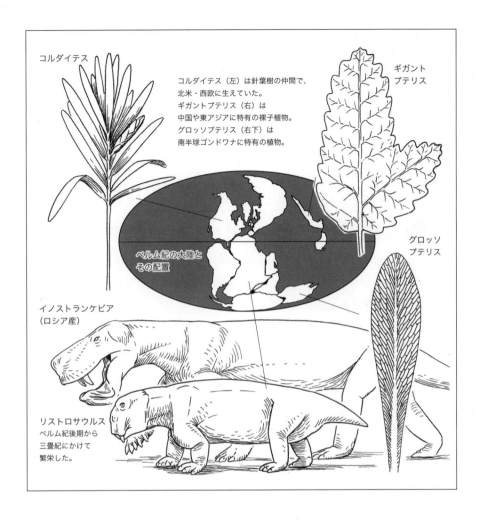

爬虫類も栄えましたが、おもに栄えたのはシナプシダ（単弓類）です。これは哺乳類へと続く系統で、巨大な犬歯で獲物を狩ったイノストランケビアのようなものがいました。

水中ではヘリコプリオンのような奇怪な軟骨魚類や、体が菱形になった条鰭類ドリプテルスのようなものがいました。いろいろな環境や生活様式に適応していたことがわかります。コノドント動物も相変わらず泳ぎ回っていました。

暖かい海では石灰海綿が礁の主体になっていました。以前栄えていた層

孔虫とは別系統の海綿動物です。ほかにも石灰質の骨格をもつコケムシや石灰藻、フズリナ、ウミユリも栄えていました。サンゴも存続しており、この時代の代表的なものは四放サンゴのワーゲノフィルムというものです。

　アンモナイトはゴニアタイトとプロレカニテスの仲間が引き続き繁栄していましたが、セラタイトの仲間も現れました。クセノディスクスはそのひとつです。頭足類の殻の内部には殻を仕切る隔壁があります。隔壁と殻の境目は縫合線とよばれます。ゴニアタイトの縫合線は比較的単純な形ですが、セラタイトの縫合線はより複雑な形をしていました。

1.9.3 大量絶滅で三葉虫が滅び、古生代が終わる

　この時代の三葉虫は石炭紀のフィリップシアに似た、シュードフィリップシアなどです。しかし、かつての繁栄は面影もありません。そしてこの時代が三葉虫の最後になりました。

　ペルム紀の終わりに3回目の大量絶滅が起こります。これは顕生累代で一番大きな絶滅であり、謎の多い絶滅でもあります。さらに化石の記録もたどりにくくなります。たとえばペルム紀の前半を過ぎると、ヨーロッパにあった浅い海はなくなってしまいました。ヨーロッパと北米がアフリカと衝突して海底が隆起し、山脈になってしまったからです。こうなると地層も化石もできません。ロシアや北米の地層も途中で途切れてしまいます。

　ペルム紀の、連続して化石が確認できる地層は南中国に限られています。それを見ると絶滅は二段階で進行したようです。ペルム紀の中期と後期との境界（2億6000万年前）にまず絶滅が起こりました。これは、地球規模の寒冷化によるものだと考えられています。しかし生物に大打撃を与えたのはこの後、ペルム紀と中生代最初の三畳紀との境界で起きた激変でした。この絶滅はシベリアで起きた大規模な噴火が1つの原因です。ただ、この噴火は日本の火山のような爆発的なものではなく、ハワイなどで起こる、サラサラの溶岩があふれる静かな噴火でした。放出される二酸化炭素やメタンによって温室効果が強まり、地球全体が高温になったことや、無酸素の海洋が広がったことも原因かもしれません。この大量絶滅で、三葉虫は滅び去りました。こうして古生代が終わり、中生代が始まります。

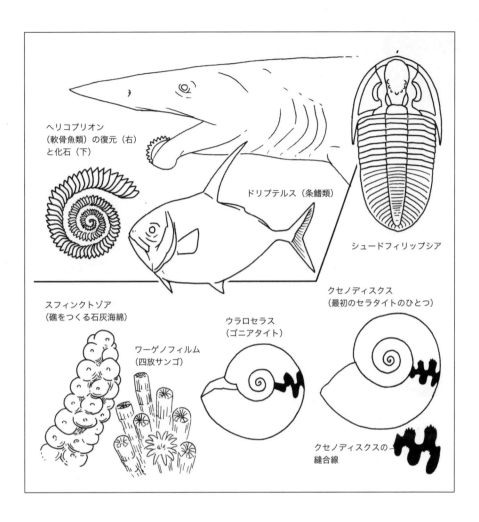

1.10 三畳紀
Triassic Period

2億5200万年前〜
2億100万年前

1.10.1 三つの地層

　トリアシック（Triassic）という名称は1834年、ドイツのアルベルティによってつけられました。これはラテン語で3つの数を意味するトリアスに由来します。ドイツでは、この時代の地層は古いものから順にブントザントスタイン（Buntsandstein）、ムッシェルカルク（Muschelkalk）、コイパー（Keuper）の3つに分けられます。日本語で三畳紀とよばれるゆえんです。この時代も内陸は乾燥しており、ブントザントスタイン（意味は色のついた砂岩）には赤色砂岩がみられます。乾燥に強い裸子植物が栄えましたが、ヤブレガサウラボシというシダ植物や、レピドデンドロンなどの末裔であるプレウロメイアの化石も多くみつかっています。

1.10.2 新しいサンゴが現れた

　一方、海に目をやると、三畳紀の地層からは、しばらくのあいだサンゴの化石がみつかりません。サンゴの化石が再び現れるのは、時間にすると数百万年あまりあとです。しかもこれまでのサンゴとは違う系統の六放サンゴでした。このことからサンゴ類は一度絶滅し、骨をもたない別の系統から六放サンゴ類が進化したと考えられています。このサンゴが現代まで存続することになります。この時代の礁をつくる動物は、六放サンゴと炭酸カルシウムで体を固めた海綿や藻でした。

　大量絶滅によって、大型の有孔虫フズリナたちはすでに滅び去っていました。ウミユリの仲間や腕足類もかなり衰退しています。対照的に栄え始めたのが軟体動物の二枚貝です。現在の二枚貝はアサリのように泥に潜って生活するものが大半ですが、この時代は海底の泥や岩などに固着するものが栄えていました。また、巻貝が以前よりも数を増やし、目立つようになりました。

　三葉虫は絶滅し、ウミサソリも滅び去っています。海にすむ節足動物で

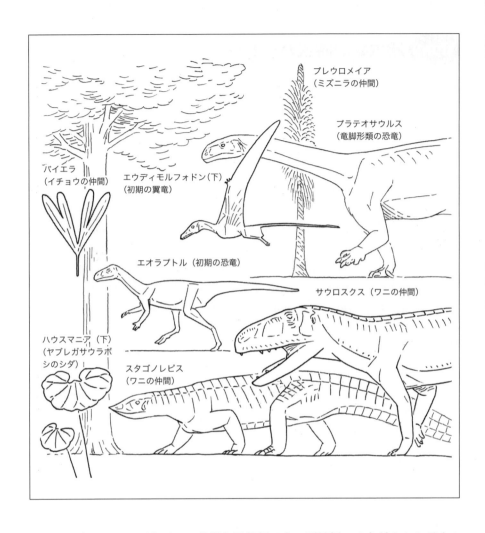

目立つのはカブトガニの仲間と甲殻類です。頭足類ではまだオウムガイの仲間が少し生き残っていました。三畳紀の海で栄えていたのはアンモナイトたちです。ペルム紀末期の大量絶滅では、それまでおおいに栄えていたゴニアタイトたちが滅び去り、縫合線が複雑な形をしていたセラタイトの仲間がわずかに生き残りました。三畳紀に堆積した地層の一番下からみつかるオトセラスがそれです。このような生き残りから、再び多様な種族が進化して繁栄しました。

1.10.3 爬虫類の時代が訪れた

棘鰭類は大量絶滅を待たず、ペルム紀前期に滅び去っています。コノドント動物は生き残って種数を再び増やしました。軟骨魚類で生き延びたのは、事実上、現在のサメなどに連なる系統だけです。この時代にはヒボダスの仲間が栄えています。見た目はいまのサメとほとんど同じだったでしょう。条鰭類も多くの古い系統が滅び去り、新たなものが繁栄します。

ペルム紀に栄えた陸上脊椎動物はシナプシダでしたが、彼らは大量絶滅でほとんど滅び去っていました。これに取って代わったのが爬虫類です。それも双弓類とよばれるものたちで、彼らの頭骨は目の後ろに上下二対の開口部がありました。こうした開口部をもたない爬虫類はあらかた滅び去り、プロコロフォン類とよばれるものだけが残りました（この仲間も三畳紀の終わりに絶滅してしまいます）。カメもこの開口部をもちませんが、彼らの場合、開口部が二次的に閉じたようです。カメが現れたのも三畳紀です。

爬虫類たちはさまざまな環境で繁栄しました。海に進出した魚竜がそうですし、三畳紀の後半になると首長竜も現れました。爬虫類は陸上でもおおいに栄え、空を飛ぶ翼竜が現れました。これが最初の自力で飛行する脊椎動物です。肉食獣では、当初はワニの仲間が栄えました。しかし、三畳紀の後半に入ると恐竜が出現し、徐々に種類と数を増やしていきます。最初は肉食や雑食のものでしたが、植物を食べるものも現れました。こうして、三畳紀の終わりまでには、陸上の大型脊椎動物はほぼ恐竜で占められるようになります。

1.10.4 そして4回目の大量絶滅

三畳紀の末期、再び大量絶滅が起こりました。原因はよくわかっていませんが、2回の絶滅が連続して起きています。まず、三畳紀の後半を区分する時代カーニアン（Carnian）の末期2億2800万年前に絶滅が起こりました。このとき、礁を構成する動物たちや海生爬虫類の多くが滅びています。2回目は三畳紀の終わり、2億100万年あまり前に起こりました。黒い堆積物がみつかることからすると、酸素のない海水が広がったようです。このとき、オウムガイ類のうち、直角貝の生き残りが絶滅しました。ほか

にもコノドント動物が絶滅し、アンモナイトもセラタイト類が絶滅するなど甚大な被害を受けました。

1.11 ジュラ紀
Jurassic Period

2億100万年前〜
1億4500万年前

1.11.1 西欧が海に覆われた時代

　ジュラ紀という名前はスイスとフランスの国境となっている山並み、ジュラ山脈に由来します。この山脈の名前を地層に用いたのは18世紀ドイツの研究者フンボルトでした。彼はジュラ山脈でみられる地層をジュラ・カークステイン（Jura Kalkstein）とよびました。1799年のことです。あとにフランスの研究者ブロニアールが1829年、テライン・ジュラシックス（Terrains Jurassiques）という用語をつくっています。

　フンボルトが使ったドイツ語のカークステインとは石灰岩のことです。石灰岩は海で堆積してできる岩石ですから、この時代、西欧が再び海に覆われたことがわかるでしょう。海の水位はいろいろな理由で上下します。これまで何度か触れた氷河期が原因になることもありますし、海底の拡大速度によっても変化します。詳しくは後述しますが、この時代は海底が底上げされ、海の水が大陸上にあふれていました。西欧は浅い海に覆われ、高い場所のみが島になっていました。そうした島の中には一番古い鳥、始祖鳥がすんでいるものもありました。

1.11.2 礁に再び層孔虫が現れた

　この時代、三畳紀末の大量絶滅を生き延びた六放サンゴは種数を増やし、礁をつくる重要な動物になりました。一方、二枚貝であるカキがつくる礁や、サンゴと層孔虫がつくる礁もありました。層孔虫はデボン紀まで栄えていた、固い骨をもつ海綿です。しかしこれはなんとも妙な話で、層孔虫はデボン紀の大量絶滅で衰亡し姿を消してから、ジュラ紀になっていきなり再出現したことになります。おそらく、ジュラ紀以後の層孔虫は古生代の層孔虫とは別系統なのでしょう。それぞれ別の海綿から進化したもので、特徴が似ているだけだったようです。

　海では二枚貝も栄えており、大きな二枚貝イノセラムスがいました。こ

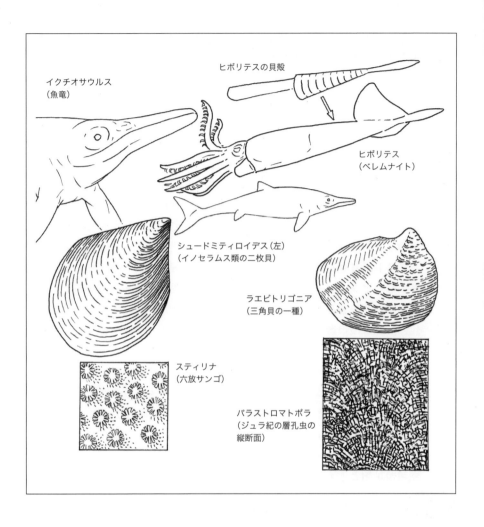

　れは糸を出して海底の石などに付着する貝で、一部のものは流木などに付着して漂っていたようです。ほかにも泥に潜るトリゴニアとよばれる二枚貝たちがいました。トリゴニアは側面から見ると三角形で、名前も三角形という意味。日本語では三角貝とよばれます。

　さまざまな魚も泳いでいました。軟骨魚類ではヒボーダスの仲間が相変わらず栄えていましたが、現代型のサメや、さらにはエイの化石もみつかっています。エイは現代型のサメから進化したものです。条鰭類ではレプトレピスとその仲間が海を泳ぎ回っていました。条鰭類は本来、ガノインと

いうもので覆われた固い鱗をもっていましたが、レプトレピスは薄い鱗しかもっていません。それに化石をみると、口を開けたときに上顎が前へ動くようになっていたようです。餌をついばむ金魚が口を開けると、上唇が前へ旋回するように動きますが、あれと同じです。以上の特徴はどちらも現在栄えている条鰭類の特徴です。レプトレピスはそうした条鰭類の最初のものだということです。

1.11.3 アンモナイトが大繁栄をした

三畳紀末の大量絶滅でアンモナイトは滅亡寸前まで追いつめられ、生き延びたのはプシロセラスとフィロセラスだけでした。しかしここから再び種類と数を増やします。これが狭義のアンモナイトで、三畳紀に栄えたセラタイトよりも、はるかに複雑な縫合線をもっていました。また、新たに繁栄したアンモナイトたちは、殻の表面にさまざまなうねや突起をもつようになっていました。種類も細かく分けることができます。さらにこの時代、西欧は浅い海に覆われていましたから、アンモナイトの化石が豊富に残りました。このため、ジュラ紀の地層はアンモナイトによっていくつにも細かく分帯されています。

この時代はベレムナイトが数を増やした時代でもあります。ベレムナイトはアンモナイトと同様、頭足類です。軟体部の印象を残した保存の良い化石からすると、殻は軟体部の中にあり、腕は10本あったことがわかっています。こうした特徴からベレムナイトは現在のイカ、タコに近縁な、絶滅頭足類と考えられています。

1.11.4 現代へと続く裸子植物が繁栄し、巨大恐竜が現れた

裸子植物の中でも、松や杉の仲間を針葉樹とよびます。この時代は針葉樹の一種ナンヨウスギの仲間がおおいに栄えていました。一方、ソテツの仲間も栄えていましたし、ポドザミテスとよばれる葉っぱの化石もよくみつかります。ポドザミテス（Podozamites）とは"ソテツの仲間ザミテスの葉に柄のあるもの"という意味で、確かにソテツによく似た葉っぱです。ですが、実際には針葉樹の仲間であったようです。

ジュラ紀に栄えたこれらの植物を食べていたのが、アパトサウルスやディプロドクスといった恐竜たちです。彼らは首と尻尾の長い動物で20

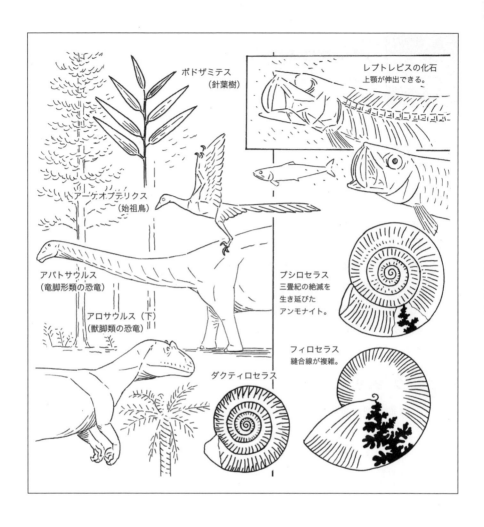

メートルを超える大きさを誇っていました。さらにこうした植物食性の恐竜たちを狩る、肉食恐竜のアロサウルスなども栄えていました。

1.12 白亜紀
Cretaceous

1億4500万年前〜6500万年前

1.12.1 白亜が堆積した時代

クレテーシャス（Cretaceous）は1822年、ベルギーのダロアによって命名されました。これはヨーロッパに広く分布する白い地層をさしたものです。英語ではこれをチョーク（chalk）とよびますし、ラテン語ではクレタ（creta）です。これが名前の由来となりました。日本語では白い土を意味する白亜が訳語として当てられています。

この白亜の正体は円石藻類とよばれるプランクトンです。この生き物は光合成を行う単細胞生物であり、体は炭酸カルシウムの骨格で覆われていました。円石藻類は三畳紀の後半に現れましたが、大繁栄したのは白亜紀の後半からです。死ぬと殻は海底に沈み、それが白亜となりました。

1.12.2 分裂する大陸

ペルム紀に世界中の大陸は1つに合わさり超大陸パンゲアをつくりましたが、ジュラ紀の後半になると、この大陸は大きく3つに分裂しました。白亜紀は大陸の分裂がさらに進行した時代です。ジュラ紀に続いてヨーロッパは浅い海の下であり、西欧に白亜が広く分布するのはこのためです。海の拡大はさらに広がり、中東、北アフリカ、北米の中央にまで海水が侵入しました。火山噴火も盛んで、放出される二酸化炭素と温室効果で地球は暑くなった時代です。白亜紀の地球は、広がった海を介することで熱が惑星のすみずみにまで行き渡り、氷河が原則的に存在しない世界でした。

1.12.3 厚歯二枚貝と異常巻きアンモナイトの繁栄

白亜紀は後期になるほどサンゴが衰退し、特異な形態をした厚歯二枚貝が優勢になります。厚歯二枚貝とは、典型的には二枚の殻の一方を下にして、それを円錐状に伸ばし、もう一方の殻を蓋として使うものです。厚歯二枚貝は、円錐状の体を泥に突き刺した状態で過ごします。このため、サ

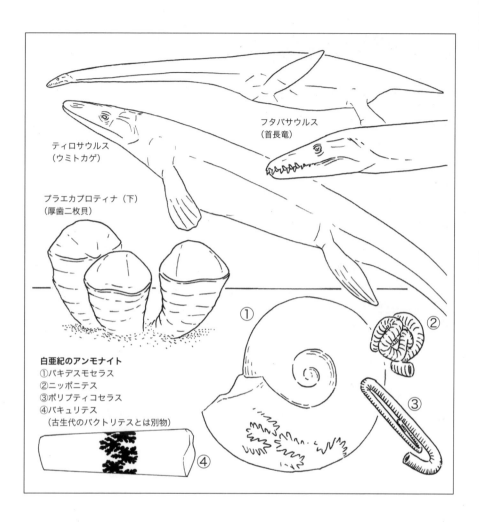

ンゴ礁のような固い塊はつくりませんでしたが、これまでの礁に取って代わっていきました。

　アンモナイトは相変わらず繁栄し、白亜紀の後半になると殻の巻きがほどけて棒状、クリップ状、立体螺旋状など、さまざまな巻き方をする異常巻きアンモナイトが繁栄しました。その中には北海道から矢部長克博士によって記載されたニッポニテスも含まれます。これはヘビがとぐろを巻いたような形をしたアンモナイトでした。このニッポニテスを、種族の寿命が尽きかけて異常になったのだとまことしやかに解釈する人もいました。

しかし理論的には、あるルールに従って殻が巻いていることがわかりました。つまり奇形などではないのです。

1.12.4 被子植物の出現と恐竜の繁栄、そして絶滅

　陸上では裸子植物が繁栄していましたが、この時代、被子植物が現れました。被子植物とは、いわゆる"きれいな花を咲かせる植物"のことです。最古の被子植物とされるものがアルカエオフルクトゥスです。これは白亜紀前期の中国からみつかったもので、種子になる部分を豆の莢のような器官が包んでいます。この器官は被子植物の原始的な雌しべであると考えられています。花とはいえ、花びらもなく雌しべや雄しべが間隔を取って並ぶつくりはいささか異様かもしれません。

　もっと被子植物らしい姿をしているのは、白亜紀中頃からみつかったアルカエアントスです。こちらは雌しべが密にまとまったもので、モクレンの花に似ています。被子植物は数を増やし、白亜紀の終わり頃になると大きな針葉樹と花を咲かせる木々が混ざった森や、ヤシの林さえ見られるようになりました。

　こうした植物を食べていたのがイグアノドンや、あるいはトリケラトプスなどの恐竜です。大型の竜脚類は南半球で大いに繁栄していました。この時代は大陸が分裂していたので、陸上動物はそれぞれの大陸に隔離され、それぞれ独自の進化を遂げました。南半球で栄えた肉食恐竜はアロサウルスの系譜に連なるギガノトサウルスなどでした。反対に北半球のトリケラトプスを狩るのはもっと鳥に近い肉食恐竜ティラノサウルスです。

　爬虫類の繁栄は続き、大空には翼竜が飛び、鳥も数を増やしました。海には首長竜がいました。かつて栄えた魚竜は白亜紀の中頃に滅びてしまいましたが、オオトカゲから進化したモササウルス（ウミトカゲ）が海に進出していました。こうした繁栄の時代は突如終わりを告げます。6500万年前、直径10kmあまりの小天体が現在のメキシコ、ユカタン半島に衝突しました。この圧倒的な破壊力によって世界は一変し、恐竜は鳥をのぞいて絶滅し、翼竜も滅び去りました。また、海では首長竜やモササウルスなどの爬虫類や、厚歯二枚貝やベレムナイトが絶滅しました。有孔虫も円石藻類も種類の多くを失いました。そして、アンモナイトの系統がついにここで途絶えます。これが第5回目の大量絶滅です。こうして中生代が終わ

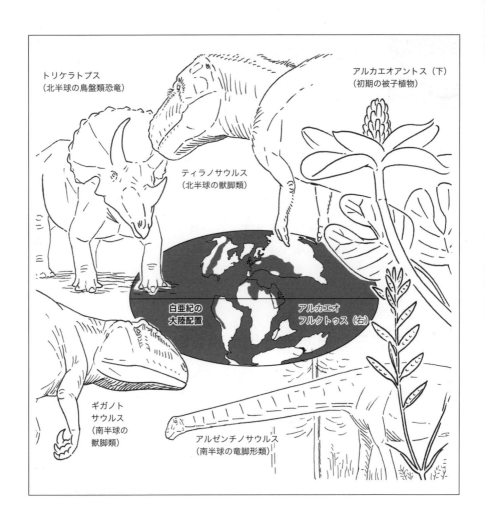

り、新生代が始まります。

1.12 白亜紀

1.13 古第三紀
Paleogene Period

6500万年前～
2300万年前

1.13.1 哺乳類の時代

　新生代は古典的には第三紀と第四紀に分割されていました。第三紀（Tertiary Period）は1759年に提案された区分でしたが、1856年になって、新旧2つの時代に分割されます。古いほうがパレオジン・ピリオド（Paleogene Period）、新しいほうがネオジン・ピリオド（Neogene Period）です。古いほう、つまり白亜紀の次に続くパレオジンは、ギリシャ語で意訳すれば"古い種族の時代"です。日本語では古第三紀が当てられています。

1.13.2 古第三紀最初の時代、暁新世

　新生代は詳しいことがわかっているので、紀（Period）よりも細かな時代区分"世（Epoch）"で論じられることが多い時代です。ここで紹介する古第三紀は3つの"世"に分けられています。一番古いものがパレオシン・エポック（Paleocene Epoch：6500万年前～5600万年前）です。これは意訳すれば古い新生代という意味で、日本語では暁新世が当てられています。小惑星衝突による急激な環境破壊から自然は回復しつつありました。中生代に地球全体で栄えたナンヨウスギの仲間は北半球から姿を消し、森をつくる植物はいまやほとんどが被子植物です。気候は暖かく、生き残った哺乳類からたくさんの種族が進化しました。ヨーロッパと北米からみつかるプレシアダピスは、見た目も大きさもリスのようでしたが、これは初期のサルでした。ベマラムダのようにかなり大きな哺乳類も現れました。大量絶滅の後には哺乳類からさまざまな系統が続々と現れましたが、やがて整理でもされるかのように、その多くが消えていきました。ベマラムダもそのひとつです。これは雑食の動物と考えられており、現在いる哺乳類のどれでもありません。ベマラムダの仲間は古第三紀のあいだに完全に絶えてしまいます。

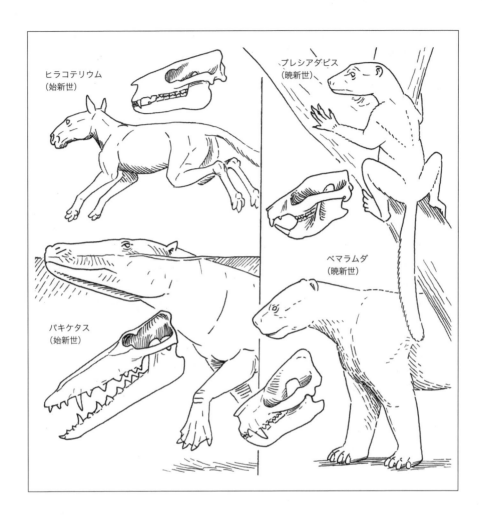

1.13.3 始新世と漸新世

　2つめの時代がエオシン・エポック（Eocene Epoch：5600万年前〜3390万年前）です。意味は新生代の夜明けで、日本語では始新世が当てられています。この時代からみつかるヒラコテリウムは原始的なウマで、ネコぐらいの大きさです。歯のつくりからすると葉っぱを食べていました。また、パキスタンからみつかったパキケタスは最初期のクジラですが、水辺で餌をあさる陸上動物というべき存在でした。

3つめの時代がオリゴシン・エポック（Oligocene Epoch：3390万年前～2300万年前）です。オリゴとは少ないという意味で、意訳すれば現在の生物がまだ少ない、といったところです。日本語では漸新世が当てられています。かつて、新生代を区分する世は英国の地質学者ライエルによって、現在と同じ種類の貝殻化石がどのぐらいの割合でみつかるかで設定されていました。オリゴシンなら、現在と同じ種類が10〜15パーセントという基準でした。確かにまだ少ないですね。

　漸新世の北半球ではウマやサイの仲間が栄え、最大の陸上哺乳類インドリコテリウムが現れました。一方、肉食動物で栄えたのがヒエノドンです。ヒエノドンは肉歯類とよばれる種族の一員でした。現在栄えている肉食のネコやイヌは食肉類であり、食肉類とヒエノドンは歯のつくりが違っています。2つのグループは、祖先こそ共有しているようですが、それぞれ独自の系統として進化したのでしょう。古第三紀の当初は肉歯類が優勢でしたが、次第にネコやイヌなど食肉類が数を増やし、肉歯類にとって代わるようになります。

1.13.4　サンゴによるサンゴ礁が復活した

　海に目をやると、厚歯二枚貝の絶滅によって礁の主体は再びサンゴに戻りました。海綿などもいましたが、中生代にそこそこ栄えていた層孔虫類は姿を消しています。

　海底には貨幣石とよばれる生き物がいました。これは底生有孔虫の一種ですが、石灰質の殻をもち、よび名の通り貨幣に似た、円盤状の体をしています。単細胞生物ですが大きく、数ミリから1センチ、あるいはそれ以上になりました。貨幣石は古第三紀の初め、暁新世に現れ、漸新世の前期に滅び去ってしまいました。ですが古第三紀の海成層の時代を知る手がかりとなる示準化石です。

　大型動物に目をやると、サメは中生代に栄えたヒボダスの仲間が滅び去り、現代型のサメが生き残り、繁栄しました。ほかの魚も現代のグループが出そろっています。イカ、タコのありようは現生種とほぼ同じであり、コウイカなどを除くと、石灰質の殻は退化して、キチン質の軟甲になったり、完全に消失しています。頭足類の中で、貝殻で体を覆うのは生きた化石として知られるオウムガイ類だけになりました。

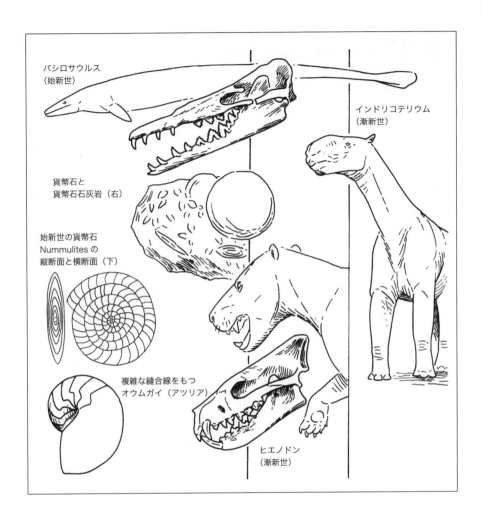

バシロサウルス
（始新世）

インドリコテリウム
（漸新世）

貨幣石と
貨幣石石灰岩（右）

始新世の貨幣石
Nummulites の
縦断面と横断面（下）

複雑な縫合線をもつ
オウムガイ（アツリア）

ヒエノドン
（漸新世）

　中生代に海中で捕食者として君臨した爬虫類はどれも滅びてしまい、そのあとを埋めるように哺乳類のクジラが海に進出してきました。最初のものは先に述べたパキケタスのように水辺で餌をあさるだけでしたが、始新世の終わりには完全に水生であるバシロサウルスが現れました。これは全長20メートルあまりに達する肉食のクジラです。

1.14 新第三紀
Neogene Period

2300万年前〜
259万年前

1.14.1 現代型の哺乳類の時代

　ネオジン（Neogene）とは新しい種族の時代という意味で、日本語では新第三紀とよびます。新第三紀は古第三紀と共に、1853年、オーストリアの地質学者ホルネスによって提案されました。なお、新第三紀と続く第四紀の境界をいつとするのかは議論の対象になっています。

　新第三紀は2つの"世"に分けられています。最初の時代がマイオシン・エポック（Miocene Epoch：2300万年前〜533万年前）です。これはギリシャ語で、意訳すれば"現在の生物がまだ少ない"です。もともとマイオシンは、みつかる貝化石の20〜40パーセントを現在と同じ種類が占める時代として設定されていました。日本語では中新世が当てられています。

1.14.2 中新世には寒冷化が進み草原が広がった

　暖かかった中生代から、地球は次第に寒くなっていました。中新世の少し前、いまから3000万年前に南極がほかの大陸とのつながりを失い、南氷洋で孤立したのが寒冷化の原因ともいわれます。孤立した南極は現在と同様、周囲をめぐる海流に囲まれます。そうなれば暖かな海水がこなくなり、南極は冷えます。そうして氷河が発達し、それがさらに地球全体を冷やすでしょう。とくにおよそ1500万年前、中新世の中頃は地球の寒冷化が急激に進行した時代でした。この寒冷化の原因はよくわかっていません。この時代は南半球の大陸から分裂したインドが、ユーラシアに衝突し、ヒマラヤ山脈が成長しつつありました。成長する山脈が雨で浸食され、雨水の炭酸と岩石が化学反応することで二酸化炭素が失われたのかもしれません。しかし、大気中の二酸化炭素の量と寒冷化が一致していないという報告もあります。

　いずれにせよ、寒冷化が進むと水温も下がり、海から蒸発する水の量が減って、雨が少なくなります。少ない雨では、土の深くまで水が染み込み

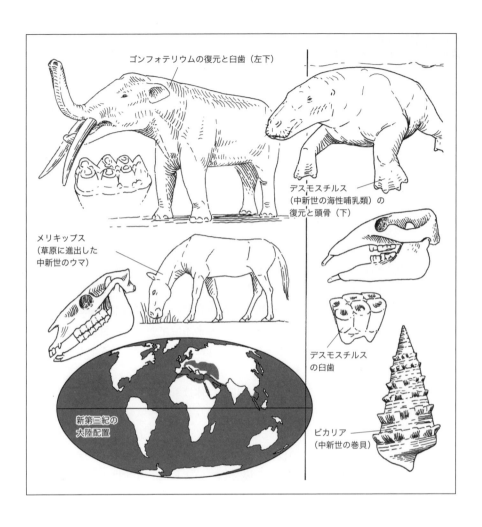

ません。地域によっては深く根を張る樹木が生活できずに姿を消し、浅く根を広げる草によって草原が広がるようになりました。ウマはそれまで基本的に森にすむ動物でしたが、草原に出るものが現れます。それがメリキップスです。草原を構成するイネの仲間の葉にはガラス質の粒子が含まれているので、これを食べると歯が激しく磨り減ります。人間もそうですが、哺乳類は歯が1回しか生え変わりません。永久歯が摩耗してしまうと食事ができず餓死してしまいます。メリキップスの歯は丈が高くなっていました。これなら摩耗まで時間がかかります。こういう特徴は草を食べる哺乳

類にみられるもので、メリキップスが草原に適応したウマであることを示しています。

また、ゴンフォテリウムのようなゾウが、ユーラシア大陸や北米に現れたのもこの時代です。ゾウの仲間はアフリカが発祥の地ですが、大陸の移動でアフリカがユーラシアと地続きになったので渡ってきたのです。

1.14.3 人類の系統が現れた

以上の中新世に続くのがプリオシン・エポック（Pliocene Epoch：533万年前〜259万年前）です。日本語では鮮新世が当てられています。この時代は、もともとは貝化石の50〜90パーセントを現在と同じ種類が占める時代として設定されたものです。プリオとは"より多くの"を意味するギリシャ語プレイオーンに由来します。新しさがより鮮明になった時代とでもいえばよいでしょうか。中新世のあいだにヒエノドンなどの肉歯類は消滅しました。こうして食肉類のみが肉食動物として君臨することになります。草原を走るヒッパリオンはウマの系譜ですが、見た目は現在のウマとほとんど変わりません。一方、鮮新世はウシの仲間が栄え、おおいに数を増やした時代でもありました。

人類も現れていました。人類の起源自体はもう少しさかのぼるようですが、まとまった化石としては鮮新世に現れたラミダス猿人（アルディピテクス・ラミダス）が最初です。時代はいまから440万年前です。足の親指はサルのようにまだ木の枝をにぎれるつくりになっていましたが、2本の後ろ足でまっすぐ立って歩ける姿をしていました。サルは本来、森で暮らす動物ですが、ラミダス猿人は樹々がまばらな森の縁や草原で暮らしていました。このさらにあと、420万年前頃に現れたのがアウストラロピテクスです。日本語ではアウストラロピテクスとその仲間を「猿人」、その前のアルディピテクスを「初期の猿人」とよんでいます。

人類最古の石器が登場するのは猿人の時代で330万年前頃ですが、260万年前以降になるとオルドヴァイ文化とよばれる様式の、石を単純に打ち欠いた石器が数多くみつかるようになります。この前後、時期ははっきりとわかっていませんが、300〜200万年前のあいだに、猿人よりも脳が大きくなったホモ属の人類が出現しました。

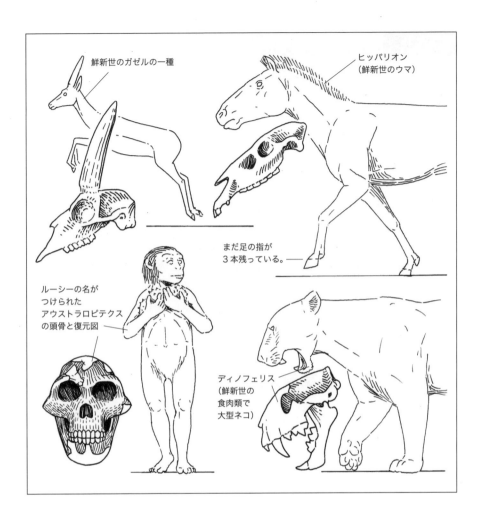

1.15 第四紀
Quaternary Period

259万年前〜現在

　クォターナリー（Quaternary）という名称は第三紀に続く、第4の時代という意味で、1829年、デノワイエーによって使用されました。国際的取り決めで、第四紀の始まりは、1984年から2009年までは181万年前でしたが、2009年に259万年前へ変更されました。

　第四紀は、北半球高緯度に大規模な大陸氷床の発達した氷期と、現在のように氷床のほとんどない間氷期が数万年周期で繰り返しました。この繰り返しを氷期・間氷期サイクルといいます。このサイクルのおおもとの原因は、地球の公転軌道や地軸の傾きの周期的な変化が重なって引き起こされた日射量変化にあります。さらに太陽光を反射するアルベド効果、温室効果ガスの増減、モンスーン気候、海洋深層水の大循環によって温度の変化が増幅され、地球規模の気候変動となりました。

1.15.1 寒く乾いた草原が広がる氷期

　第四紀は2つの"世"に分けられます。最初の時代がプライストシン・エポック（Pleistocene Epoch）です。ギリシャ語で"最も新しい"を意味するプレイストスが語源です。そして、この時代は、地層から産出する海生の貝化石のほとんどが現在と同じ種類であるという時代として設定されました。日本語では更新世が当てられています。更新世の終わりは1万1000年前です。

　氷期に大陸氷床が拡大すると、その分の水を失った海は水位が100m余りも下がります。日本列島もカムチャツカ半島などを通じて大陸と地続きになりましたし、ユーラシアと北米はベーリング海峡で地続きになりました。こういう場所では、陸上の動植物が移動できるようになり、逆に海洋生物の移動はできなくなりました。間氷期になると氷床は融けて水位が上がり、低い土地は再び海に没しました。気候が寒くなると動植物は低緯度へ移動し、気候が暖かくなると動植物たちは高緯度へ広がりました。こうした繰り返しが数万年ごとに起きたのです。

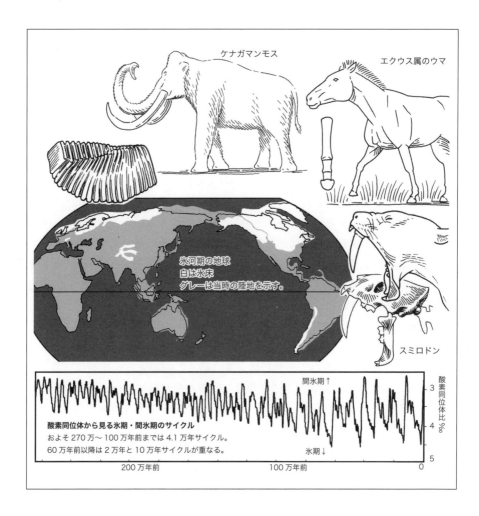

氷期には、雲は雪を降らして氷河をつくり、水分を失った乾いた風が大陸を吹き渡ってきました。こうして冷たく乾いた草原が大陸に広がりました。約40万年前以降のこのような草原を歩き回っていたのがマンモスです。草原を走るウマは前の時代に栄えたヒッパリオンからエクウスに置きかわっています。この中からやがて現在のウマそのものが現れました。

1.15.2 人類の進化

アフリカでは、300万か200万年前にホモ属の人類の化石がみつかるよ

うになります。原人という言葉がありますが、これは初期のホモ属をさし示す言葉です。この時期、ホモ属の一種、ホモ・ハビリスはオルドヴァイ様式とよばれる単純な石器を使っていました。

少し後に現れた原人であるホモ・エレクトスは、ハンドアックスとよばれる大型で対称性のある石器をつくりました。この石器文化はアシュール文化とよばれています。アフリカから出てアジアにまで広がった北京原人やジャワ原人は、ホモ・エレクトスの地域集団とされています。

ホモ属の人類は時代がすぎるにつれて脳がより大きくなっていきましたが、そうした中で原人よりも進歩した旧人が出現しました。ホモ・ネアンデルターレンシス、いわゆるネアンデルタール人も旧人の仲間です。ネアンデルタール人はヨーロッパを中心に分布し、その寒い気候に適応していました。ネアンデルタール人はさらに発達した石器を使っており、その文化はムスティエ文化とよばれています。ムスティエ文化の始まりは30万年前頃までさかのぼります。

1.15.3 ホモ・サピエンスの出現

現代人が属するホモ・サピエンス（新人）の最も古い化石は、およそ20万年前のものです。この時代は2つ前の間氷期でした。ホモ・サピエンスがつくり出す石器は、石から打ち欠いた薄い剥片をさらに加工した非常に緻密で高度なものでした。ホモ・サピエンスは、当初はアフリカにとどまっていましたが、5〜6万年前頃（この時代は一番最近の氷期で、最終氷期といいます）に、一部の集団がアフリカを出ました。原人や旧人は極端に寒い高緯度地方へ行けず、低・中緯度地方だけに分布していましたが、ホモ・サピエンスは防寒具をつくるのに必要な針などを発明し、北半球の高緯度へも広がりました。さらに投槍器や弓矢のような飛び道具も発明します。

ホモ・サピエンスの拡大と共に、ネアンデルタール人やジャワ原人などユーラシアにいた古代型人類たちは姿を消しました。ネアンデルタール人の絶滅はだいたい4万年前のことです。ホモ・サピエンスは1万5000年前頃にユーラシアから北米に入り、さらに南米へと進みました。この時期、気候の温暖化が進みかつ人類が広がっていく中で、多くの大型動物が絶滅しました。

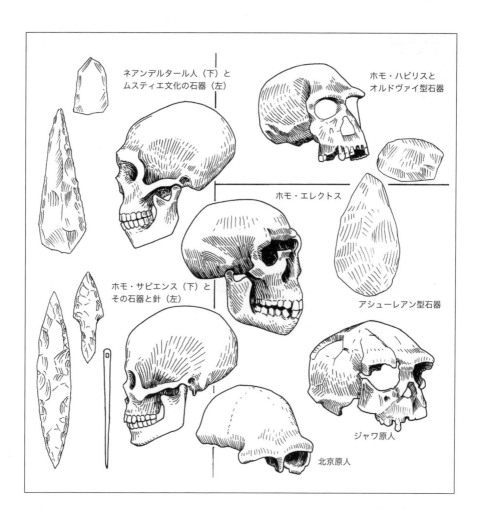

　1万5000年あまり前から地球気候は温暖化したのですが、1万2000年ほど前、ヨーロッパでは気温が急激に下がり、寒さがぶり返しました。この時期はヤンガー・ドリアス期（Younger Dryas）とよばれ、2000年間で終わり、再び温暖化しました。

　ヤンガー・ドリアス期の終わりから現在までの時代が、第四紀最後の"世"、ホロシン・エポック（Holocene Epoch：およそ1万1000年前〜現在）です。ホロシンは完全に現代という意味。つまり完新世です。この時代、人類はついに文明を築き上げるに至ります。

2.1 化石とは何か？

2.1.1 1万年より古い生物の遺骸や生活の記録が化石

　過去の地質時代の生物を古生物とよびます。古生物には絶滅した生物と現在まで生きのびている現生生物が含まれます。そして古生物の遺骸やその生活の痕跡が化石です。だいたい1万年よりも古いものが化石として扱われますが、明確な定義はありません。数百年、数千年前の遺骸を半化石とよぶこともあります。

　また、大きな化石もありますが、顕微鏡でないと見えない微化石もあります。化石の保存のありようもさまざまです。化石には文字通り"石と化した"ものもあります。しかし氷漬けのマンモスや琥珀中の昆虫化石のように、もとの細胞や組織がそのまま残っている場合もあります。

　古生物の遺骸全体またはその一部の化石を体化石とよびます。また古生物の生活の痕跡、たとえば動物の足跡、巣穴、食べ痕などが化石として残る場合もあり、これらは生痕化石とよばれます。動物の糞の化石は糞石とよばれますが、これも生痕化石のひとつです。生痕化石は古生物が具体的にどう行動したのか、どこにすんでいたのか、何を食べていたのか、何に食べられていたのかなど、生態に関する情報を教えてくれます。

2.1.2 琥珀や石炭、石油も化石

　宝石である琥珀は、樹木から流れた樹脂の化石です。石炭も陸上植物を起源とする化石です。石油は海洋に生息した植物プランクトンの体をつくっていた生体高分子が地層中で分解してできた、低分子の有機物です。石油は液体という印象がありますが、固体であるアスファルトも、気体である天然ガスも石油に含まれます。つまり気体や液体の化石です。ここまでくると、生物としての痕跡は有機化合物でしか残っていません。地層を詳しく調べると、過去の生物に由来すると思われる微量な有機化合物が何かしら含まれています。こういうものは分子化石とか化学化石とよばれま

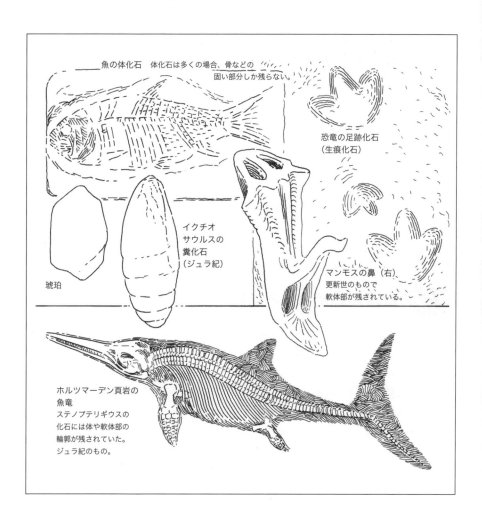

す。また由来となる古生物が特定できる分子化石はバイオマーカーとよばれます。バイオマーカーは、体化石の少ない先カンブリア時代の生命進化、たとえば原核生物から真核生物への進化などを調べるうえで重要です。

以上をふまえれば、体、痕跡、液体、気体、化合物、どんな形を取るにせよ、過去の生物（古生物）に由来するものは化石だといえるでしょう。

2.1.3 例外的に保存のよい動物の化石は還元環境下で形成される

化石はどのようにしてできるのでしょうか？　体化石のもとは生物の遺

骸です。しかし、たまに動物の死体をみかけても、すでにシデムシやカラス、あるいは水中ならウミホタルやカニといった死体を食べる動物（腐肉食者）が肉や内臓を盛んに食べています。また、バクテリアが盛んに繁殖できる、酸素に富む通常の環境下では、その活動によって遺骸の軟体部は死後に急速に分解し、消失します。このため軟体部は普通は化石として保存されません。

しかし、酸素がない還元的な環境下では、底生動物が生存できないため、古生物の遺骸が腐肉食者に食べられることなく残り、さらに硫酸還元バクテリアの働きによって軟体部がリン酸塩鉱物などに置換されて化石として保存されることがあります。バージェス頁岩の多様な海生無脊椎動物化石群や、ホルツマーデン頁岩（ポシドニア頁岩）の、皮膚が残された魚竜化石などはその好例です。

2.1.4 遺骸が埋められる過程

多くの場合、化石は土砂などに生物の遺骸が埋められることでできます。砂や泥が堆積したものは堆積物とよび、堆積物は長い年月の間に固い岩、すなわち堆積岩になります。古い時代の化石は堆積岩からみつかります。

堆積岩には石灰岩やチャート、そして砂岩や泥岩など、さまざまな種類があります。ここではまず砂岩や泥岩を見てみましょう。砂岩や泥岩を見ると、それは砂粒や泥の粒子からできています。土砂は岩石が砕屑されたものですから、砂岩や泥岩は砕屑岩ともよばれます。

土砂の粒子は層状に重なって堆積します。こうした重なりが地層です。層状に重なるとは、土砂が積もって、さらにそこにまた別の砂や泥が運ばれてきて積もる、それが繰り返されたということでしょう。このとき、生物の遺骸が埋められたら、それは化石になりえます。では生物の遺骸はどのように埋められるのでしょうか？　まず、堆積物を運ぶのは水や風です。たとえば、川が海に注ぐ河口では、水の流れが急に弱くなります。すると川の水が運んできた土砂が盛んに堆積し、生物の遺骸も埋められます。

遺骸が運ばれて埋められるまでには、いろいろなことが起こります。たとえばもともと水底にすんでいる底生生物だと、遺骸がその場で埋められます。こうしてできた化石は現地性化石とよびます。反対に、泳いだり浮遊して暮らす生物は、死後、遺骸が水の流れなどで運搬されるので、生き

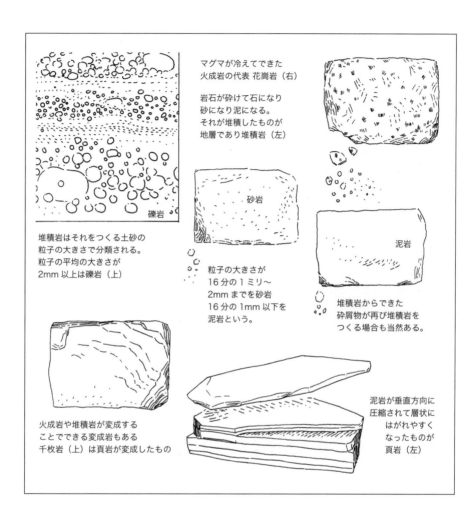

ていた場所とは違う場所で埋められるのが普通です。こうしてできた化石は異地性化石といいます。

　地層をよく観察すると、当時の水底の状態がある程度わかります。巣穴のような生痕化石が多くみられる場所では、当時の海底に、ゴカイやアナジャコなど、巣穴を掘って暮らす動物がいたことがわかります。堆積する土砂は刻一刻と変わるので、本当なら、堆積岩はごく薄い層（層理または葉理）が無数に重なってできるはずです。しかし、堆積物をかき乱す生物が多いと、そういう薄い層は地層からすっかり消されてしまいます。この

現象を生物擾乱とよびます。

　反対に生物擾乱が見当たらず、薄い層理に至るまで、縞模様がきれいに残っている堆積岩もあります。これは当時、その海底に酸素がなく、堆積物をひっかきまわす生物がいなかったことを示しています。バージェス頁岩などはその一例です。

2.1.5 砂と泥は固結した後に堆積岩となる

　さて、以上のように遺骸が埋められる仕組みを見てきましたが、単なる土砂であった堆積物はどういう仕組みで砂岩や泥岩へと固まるのでしょうか？　17世紀、デンマークの科学者ニコラウス・ステノは、孔雀石の断面が層になっていることから、鉱物は液体から小さな粒子が付加することで成長すると考えました。ここに堆積物が固まる過程を理解するヒントが隠れています。

　水は炭酸カルシウムを溶かしていますが、条件次第で固まります。台所など水回りに白く固いものがこびりつくことがありますが、あれが炭酸カルシウムです。泥も水を含みます。泥の粒子のあいだで炭酸カルシウムが鉱物として成長すれば、泥の粒子どうしがくっついていくでしょう。この現象をセメンテーション、つまり"セメントする"とよびます。日本語では膠結作用です。こうして堆積物は固結して堆積岩となるのです。

2.1.6 生物の骨格からできた石灰岩

　砂岩、泥岩などと異なり、大部分が炭酸カルシウムの結晶からできた堆積岩が石灰岩です。現在の珊瑚礁にいくと、砂浜が細かく砕けたサンゴの骨片や有孔虫の殻から成り立っていることがわかります。この隙間を成長した炭酸カルシウムの結晶が埋めることで石灰岩ができます。生物の遺骸が堆積してできたものですから、こういう堆積岩は生物岩ともよばれます。よくビルの内装に使われるピンクの石灰岩は欧州のジュラ系産のものが多く、その中にアンモナイトの貝殻が含まれています。

　ドイツのゾルンホーフェンからみつかるジュラ紀の石灰岩のように、きめが細かく、むらがないものもあります。このきめの細かさは、石灰の殻をもつプランクトンの遺骸が積もってできたからかもしれません。その中に含まれている化石は非常に保存がよく、始祖鳥の化石もここからみつか

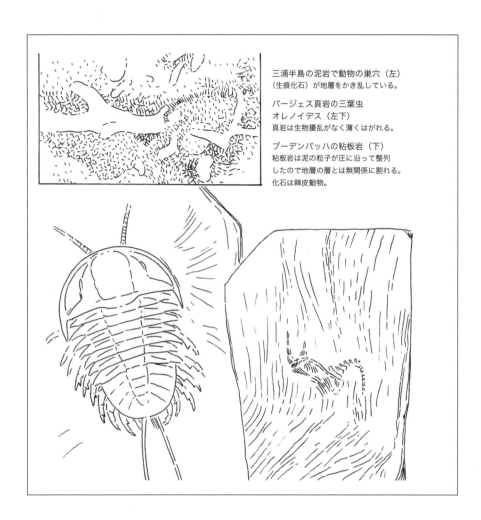

三浦半島の泥岩で動物の巣穴（左）
（生痕化石）が地層をかき乱している。

バージェス頁岩の三葉虫
オレノイデス（左下）
頁岩は生物擾乱がなく薄くはがれる。

ブーデンバッハの粘板岩（下）
粘板岩は泥の粒子が圧に沿って整列
したので地層の層とは無関係に割れる。
化石は棘皮動物。

りました。

2.1.7 遺骸が岩になる過程

　堆積物中における鉱物の成長やふるまいは、堆積物を固めるだけではありません。ほかにもいろいろな影響を及ぼします。骨の空洞や、アンモナイトの殻の気室を炭酸カルシウムの結晶が埋め尽くす場合もあります。あるいは鉱物が置き換わってしまう場合もあります。アンモナイトの貝殻をつくる炭酸カルシウムは、本来はアラレ石という鉱物の形をとっています。

しかし、地下に埋もれて地熱の高温にさらされると方解石に置き換わります。

　また炭酸カルシウムの貝殻や、脊椎動物がもつリン酸塩鉱物からなる骨が、化石化の過程でケイ酸や黄鉄鉱に置き換えられたり、地下水によって溶解してなくなり、地層中に空隙や型だけが残されている場合もあります。鋳型（モールド）や鋳物（キャスト）といったものがそれです。このように遺骸が地層中に保存されて化石となる過程で、物理・化学的作用を受けて形態や構造が変化する働きを、化石続成作用（fossil diagenesis）といいます。

2.1.8 深海で堆積したチャート

　続成作用にはいろいろなものがあります。珪化木は樹木をつくる元素（炭素）や有機物のセルロースが珪酸で置き換えられた例ですし、初期の陸上植物の化石で有名なイギリス、デボン紀の地層ライニーチャートでは、遺骸はかつて涌き出していた水に含まれた珪酸で固められて、固いチャートになっていました。チャートは主にケイ酸からなる緻密で固い堆積岩です。

　チャートは放散虫の化石からできている場合もあります。現在の大洋では、ある深度以上になると炭酸カルシウムが海中へ溶解するため、炭酸カルシウムが堆積しなくなります。この深さを炭酸塩補償深度とよびます。赤道付近における炭酸塩補償深度は、太平洋で4200～4500メートル、大西洋で5000メートルです。炭酸塩補償深度より深い海底では、炭酸カルシウムは溶けるため、珪酸の骨格をもつ放散虫や珪藻の遺骸だけが珪質軟泥として堆積します。チャートは、珪質軟泥が長い時間のあいだに続成作用を受けて固化してできた岩石です。

2.1.9 ポッツオリの市場にみる沈下と隆起

　以上のようにして化石はできますが、このままですと、化石は地中に埋もれた状態で、人の目に触れることはありません。ところが実際には貝の化石が陸地や丘、山の上からみつかります。これを説明するには、地層を高くする過程が起こらなければなりません。それが隆起です。

　19世紀の地質学者ライエル（Lyell）は土地がじょじょに沈降したり、隆起するということを示した最初の人でした。ライエルが注目したのはイ

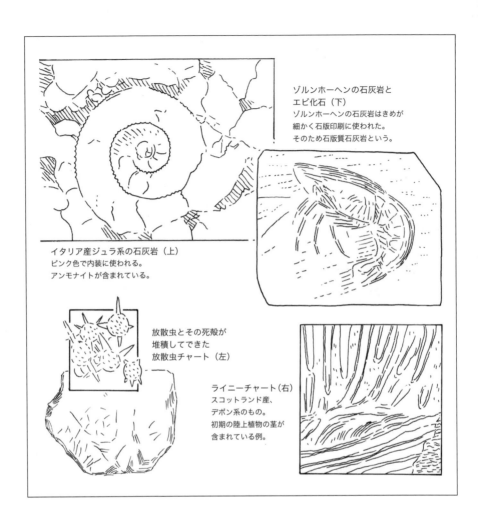

ゾルンホーヘンの石灰岩と
エビ化石（下）
ゾルンホーヘンの石灰岩はきめが
細かく石版印刷に使われた。
そのため石版質石灰岩という。

イタリア産ジュラ系の石灰岩（上）
ピンク色で内装に使われる。
アンモナイトが含まれている。

放散虫とその死骸が
堆積してできた
放散虫チャート（左）

ライニーチャート（右）
スコットランド産、
デボン系のもの。
初期の陸上植物の茎が
含まれている例。

タリアのポッツオリにあるセラピス神殿です。これは三本の柱が残っているローマ時代の遺跡でした。実際には市場であったといいますが、柱は海岸近くの陸上に立っています。もちろん柱が据え付けられた当時も陸上にあったはずです。ところが柱の上には、海にすむ穿孔性二枚貝たちによって掘られた穴があいています。つまりローマ帝国時代以後、だんだんと土地が低くなって柱は水に沈み二枚貝が巣食った。次にだんだんと土地が隆起して、再び陸地になった。そういうことがわかります。

　ライエルの考えに賛同し、これを実体験したのがダーウィンでした。軍

艦ビーグル号に乗船していた22歳の青年ダーウィンは、1835年、南米のチリで大きな地震に遭遇します。そして震源地に近い港町コンセプションで隆起の証拠をみつけました。それは数十センチ程度の隆起でしかありません。しかし周囲をよく観察すると、海面から3メートル上の崖に二枚貝が開けた古い穴があること、さらに海から300メートルあまりの高さの丘にも貝殻が散らばっていることをみつけました。1回の地震で隆起する高さはわずかです。しかし、それが累積すると、水底にある化石でも陸上に姿を現すことがわかります。

2.1.10 最後の過程、浸食

しかし、化石が発見されるためには、まだ必要なことがあります。浸食で化石を覆う地層が剥ぎ取られないと、化石は発見できません。日本でみつかった首長竜の化石フタバサウルスは、川が地層を削った崖でみつかりました。

あるいは打ち寄せる波が削る海岸で化石はみつかります。イギリスではジュラ紀に堆積したブルーライアスとよばれる地層が海岸に露出しています。ここからはアンモナイトや魚竜、首長竜の化石がみつかっています。

植物が育たないような乾燥地域でも化石がよくみつかります。植物がなくむき出しの土地は雨や雪や氷、風で削られやすくなるからです。砂漠や北極圏などでも化石がみつかります。

2.1.11 化石と鉱物の識別

こうして化石はみつかりますが、化石のようでいて、そうではない、擬化石というものがあります。一番よく見るのがしのぶ石です。よび名の"しのぶ"はシダの意味で、確かに植物を思わせるものです。しかし、植物なら種類ごとに枝分かれのパターンが決まっているのに、しのぶ石には一定のパターンがなく、これは鉱物がつくり出した模様です。このように、みつけたものが化石かそうでないのか、それを判断するには現在の生物のことをよく知る必要があります。

化石として残るのはおもに鉱物質でできた骨格・歯・貝殻、それについでキチン質やセルロースのような組織などです。こうした丈夫な組織をもつ生物はあまり多くありません。該当するのは、脊椎動物、棘皮動物、筆

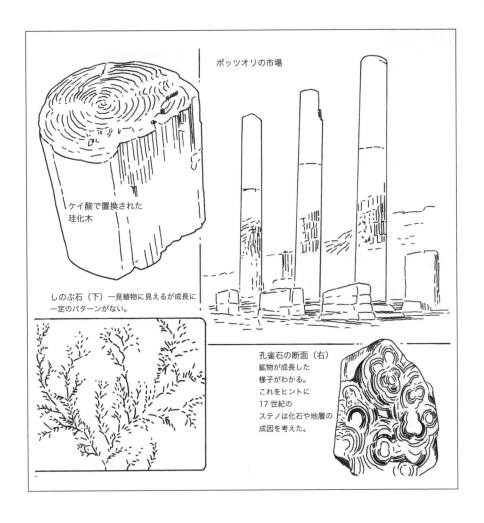

ポッツオリの市場

ケイ酸で置換された珪化木

しのぶ石（下）一見植物に見えるが成長に一定のパターンがない。

孔雀石の断面（右）鉱物が成長した様子がわかる。これをヒントに17世紀のステノは化石や地層の成因を考えた。

石、軟体動物、腕足動物、節足動物、サンゴ、海綿動物、一部の原生生物、陸上植物、石灰藻、ラン藻がつくったストロマトライトなど、それぐらいです。

　続く 2.2〜2.13 では、以上の生物たちと、その化石をグループごとに紹介していきます。

2.2 バクテリアと石灰藻

生物は大きく3つの系統に分かれています。1つが古細菌、2つめが真正細菌（バクテリア）、そして3つめが真核生物です。

古細菌と真正細菌は、多くはたった1つの細胞で生活しており、細胞の差し渡しは1000分の1～数ミリです。

反対に、真核生物の細胞は100分の1ミリから10分の1ミリです。

2.2.1 ラン藻とストロマトライト

真核生物以外で化石として重要なのは藍色細菌（シアノバクテリア）です。これは藻類の一種なので、ラン藻ともよばれます。藻類とは、酸素発生型の光合成を行う生物で、なおかつ陸上植物ではないものをさす言葉です。藻類の大部分は真核生物ですが、系統的にかけ離れた原核の生物も含んでいます。そして原核の藻類をまとめたものが、ラン藻（藍藻）です。ただし、ややこしい話ですが、海藻や後述する陸上植物がもつ光合成を行う器官、つまり葉緑体は真核生物の細胞に取り込まれたラン藻のなれの果てです。

ラン藻などの微生物類の活動によって形成された堆積物がストロマトライトです。ストロマトライトはドーム状や円錐状などの外形をし、内部を見ると、特徴的な細かい縞状の構造が観察できます。ストロマトライトの形成に関係した微生物類自体はまれにしか保存されません。ストロマトライトはおもに炭酸カルシウムによって形成されており、この炭酸カルシウムは、微生物類の活動による粒子の捕獲や沈殿に由来すると考えられています。先カンブリア時代には、浅海環境にストロマトライトが広範囲に発達していました。石材に使われる石灰岩の中にはストロマトライトからできているものがあり、断面を見ると、薄い層が無数に重なって成長した様子がわかります。

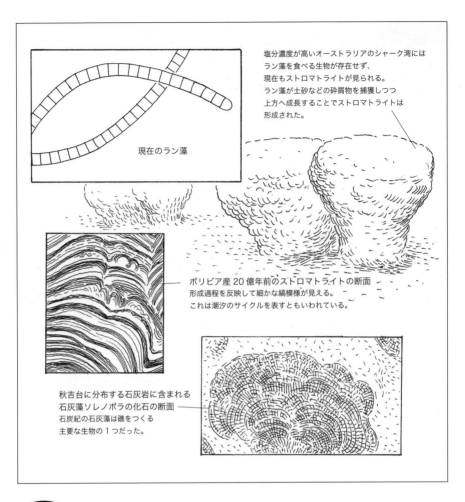

塩分濃度が高いオーストラリアのシャーク湾には
ラン藻を食べる生物が存在せず、
現在もストロマトライトが見られる。
ラン藻が土砂などの砕屑物を捕獲しつつ
上方へ成長することでストロマトライトは
形成された。

現在のラン藻

ボリビア産20億年前のストロマトライトの断面
形成過程を反映して細かな縞模様が見える。
これは潮汐のサイクルを表すともいわれている。

秋吉台に分布する石灰岩に含まれる
石灰藻ソレノポラの化石の断面
石炭紀の石灰藻は礁をつくる
主要な生物の1つだった。

2.2.2 石灰藻

　ほかに化石としてよく残る藻類は、炭酸カルシウムを沈着するもので、これを石灰藻といいます。これらは真核生物で、大型の藻類としては、カサノリなど緑藻類に所属するものや、サンゴモなど紅藻類に所属するものなどがあります。微細藻類では、円石藻類などがあります。過去の地球では石灰藻が主要な礁の形成者であった時代や地域もあります。山口県秋吉台に分布する石炭紀の石灰岩からは多様な石灰藻の化石がみつかります。

2.3 原生生物
Protista

2.3.1 放散虫と有孔虫

　ここからは登場するのはすべて真核生物で、このページでは単細胞のものを紹介します。いずれも固い殻をもち、化石に残りやすいものです。とくに歴史が古いのは放散虫（radiolaria）で、カンブリア紀に現れました。珪酸の殻をもちますが、硫酸ストロンチウムを用いるものもいます。海の生物で、沿岸には少なく、陸から離れた海（遠洋）に生息しています。遠洋は深く、そして陸から遠いので砂や泥がほとんどやってきません。このため深い海（深海）の海底を覆う泥は、長い時間をかけて堆積した放散虫の死に殻からできている場合があります。これが固まると大きな結晶をもたない珪酸鉱物、チャートになります。

　放散虫と並んで歴史が古いのが有孔虫（foraminifera）です。これも海の生き物でカンブリア紀に現れましたが、最初は有機質の殻をもつものや、砂粒などを身にまとうものでした。一方、石炭紀に現れたフズリナ（fusulines）は炭酸カルシウムで殻をつくるようになり、ペルム紀末まで大繁栄しています。当時の石灰岩にはフズリナの殻でつくられたものもあります。以後、炭酸カルシウムの殻をもつ有孔虫が繁栄するようになりました。古第三紀に栄えた貨幣石も有孔虫です。これらの有孔虫はいずれも海底で生活するものですが、ジュラ紀には浮遊生活をするものが現れ、白亜紀後期以後、繁栄するようになりました。深海の堆積物中の有孔虫は、その殻に含まれる酸素同位体を調べることで、新生代の気候変動、とくに第四紀の氷河期とそのサイクルを知る大きな手がかりとなります。

2.3.2 円石藻類と珪藻

　白亜紀を特徴づける堆積物、"白亜"をつくったのが円石藻類（coccolithophores）です。これは光合成を行う生物で、ほとんどすべてが海にすむものです。典型的には円盤状をした炭酸カルシウムの骨格をもち、

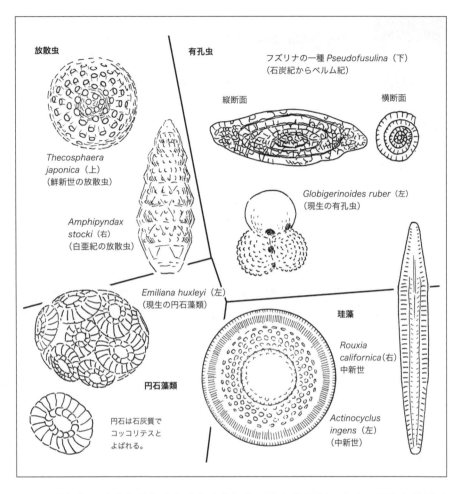

それをいく枚も重ね合わせるようにしてその身を覆います。死ぬと殻はバラバラになり、無数の円盤となって堆積しました。ジュラ紀に現れ、白亜紀の中頃になって大繁栄をするようになりました。

　比較的歴史が浅いのが珪酸の殻をもつ珪藻（ダイアトム：diatoms）です。光合成を行う生物で、多くは浮遊生活を行い、海水のみならず淡水にも多くの種類がいます。水の塩分によって違う種類がすむので、当時その場所がどんな環境だったのかを知る手がかりになります。このように特定の古環境を示す化石を示相化石といいます。珪藻の化石はジュラ紀からみつかっていますが、新生代に入って数を増やしました。

2.4 海綿動物
Polifera

2.4.1 海綿は原始的な動物

　真核生物には複数の細胞で体をつくるグループがいくつか存在します。その1つが動物です。動物は後生動物（メタゾア：Metazoa）ともよばれます。動物の中でごく単純なつくりをしたものが海綿動物です。海綿動物にはほかの動物がもつような内臓や筋肉、神経などの器官が見当たらず、動かず、何かに固着して生活します。体には無数の小さな穴が開いており、ここから水を吸い込みます。水は体内にあるいわば水路（溝系）を通り、最後は開口部のある大きなくぼみへと流れて排水されます。海綿動物は、水から細かい有機質の餌を濾しとって食べる濾過食者の典型です。

　海綿は、かつては体を洗う際のスポンジとして使われました。そもそも、スポンジとは本来、海綿動物をさす言葉です。体内に珪酸や炭酸カルシウムの骨格をもつものもいます。通常、これらは小さいもので骨片あるいは骨針（spicules）とよばれますが、いくつかの種類では骨片や骨針が非常に発達しました。

2.4.2 礁の形成に関与した海綿動物

　海綿動物は後生動物の中では地質時代を通じて、最も長い化石記録をもち、礁をつくる主要な生物としても活躍してきました。古杯類、層孔虫、ケーテテスなどが知られています。

　古杯類（Archaeocyatha）はカンブリア紀前期に短期間栄えた海綿動物です。石灰質で多孔質の二重の壁をもち、全体として逆円錐や杯状などの形態を示します。たとえば、杯状形態をもつ古杯類を横に切断すれば、二重の円形の壁とその間を放射状につなぐ構造が観察されます。壁は柔らかい組織を支えていたらしく、さらに壁には多数の穴が開いていました。おそらく溝系の一部だったのでしょう。

　層孔虫（Stromatoporoid）も石灰質の骨格をもっており、それは幾重に

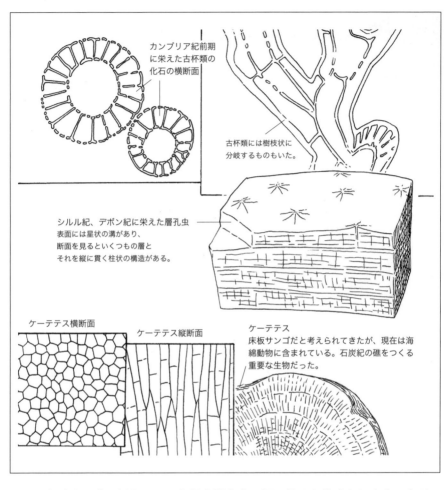

も重なる薄い層と、そこを貫く縦方向の細い柱から構成されます。表面には星形に見える奇妙な溝が観察される場合があります。長い間、床板サンゴの一種だと考えられてきましたが、近年になってよく似た特徴をもつ海綿動物がみつかったので、海綿動物の一種だと考えられるようになっています。通常、層孔虫といえば、古生代シルル紀やデボン紀に栄えた層孔虫をさしますが、その後の長い化石記録の空白を経て、中生代から再び層孔虫がみつかります。中生代の「層孔虫」が古生代の層孔虫と系統的にどんな関係があるのか、同じ系統なのか、見た目が似ているだけの別系統の海綿動物なのか、それはよくわかっていません。

2.5 刺胞動物
Cnidaria

2.5.1 骨格を分泌するサンゴは化石として保存されやすい

　刺胞動物はクラゲやイソギンチャク、サンゴの仲間で、体のつくりが口を中心として放射状に配置されています。刺胞動物のうち、サンゴは炭酸カルシウムの骨格を分泌するので、たくさんの化石が残っています。

　古生代から現在に至るまで、サンゴのおおまかなつくりはよく似ています。体を下から支える皿状やカップ状の構造をもち、そこについ立てのような構造が放射状に並びます。このつい立てはセプタム（Septum）とよばれています。これはラテン語で柵とか、囲いという意味で、日本語では隔壁です。

　サンゴは、上へ上へと付加的に成長します。このとき、体を下から支えるためなのでしょう、薄い板状の骨格がいくつもつくられます。骨格を成長方向に切って観察すると泡のように見える板もあれば、床板のように見える板もあります。泡のように見える板はディスセピメント（Dissepiment）とよばれます。これはラテン語で仕切りという意味。日本語では泡板とか、泡沫組織とよばれます。床板のように見えるものはタブラ（Tabula）とよばれます。これもラテン語で意味は床板。要するにテーブルです。日本語でも床板とよびます。

2.5.2 化石でみつかるサンゴの代表は3つ

　化石でみつかる刺胞動物で代表的なものは床板サンゴ、四放サンゴ、六放サンゴです。床板サンゴ（タブラータ：Tabulata）は骨格の構造が単純で、隔壁はごく短いか、ありません。ほかのサンゴと比べて泡板は複雑ではなく、床板が目立ちます。床板サンゴのよび名はこれが由来です。床板サンゴはすべて集団で生活する群体型のもので、カンブリア紀からペルム紀末期まで存続しました。

　四放サンゴ（ルゴサ：Rugosa）は主要な隔壁を4つもつのが特徴で、

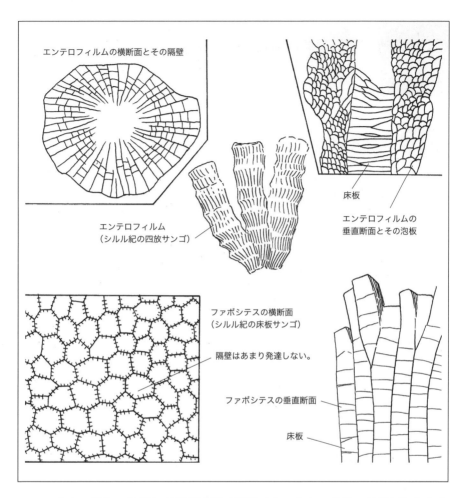

多くの場合、泡板や床板が緻密で複雑です。また、骨格の外部にしわをもつことが多く、これをルゴシティー（rugosity）とよびます。これはラテン語でしわが多いの意味で、日本語では横皺です。このためルゴサンゴ（皺皮サンゴ）ともよばれます。単体型のもの、群体型のものがいました。四放サンゴはオルドビス紀からペルム紀末期まで存続しました。

六放サンゴ（ヘクサコーラリア：Hexacorallia）は主要な隔壁を6つもつことが特徴です。単体型のものもいれば群体型のものもいます。三畳紀に現れ現在まで存続しましたが、古生代にすでに出現していたとも考えられています。

2.6 エディアカラ生物群

2.6.1 エディアカラ生物は平べったい

　オーストラリアのエディアカラ丘陵からみつかった特異な化石はエディアカラ生物群とよばれるようになりました。今ではこれと類似の化石が、カナダのニューファンドランド島、ロシア北部の白海地域、アフリカ南部のナミビアなどでみつかっています。すでに述べたように、エディアカラ生物群の系統的帰属について独特な見解を唱えたのがドイツのザイラッハーです。

　エディアカラ生物群の化石は大きさの割に薄く、平べったいことが特徴です。たとえばかつて環形動物とみなされたディッキンソニアは、全長が数十センチになる一方で、体の厚みは数ミリしかありません。こういう極端に扁平な体は、ヒラムシのような扁形動物で見ることができます。これは扁形動物が鰓や血管をもたないことが原因です。

　動物がもつ鰓や血管は酸素を大量に吸収し、さらに体中に運ぶ器官です。一方、これらの器官をもたない扁形動物の場合、何もしなくても自然と体に染み込んでくる酸素だけで呼吸します。このためには体が薄くなければなりません。そうでないと酸素が体に染み渡らず窒息してしまうでしょう。

2.6.2 体がキルト状であるという解釈

　ディッキンソニアの体が非常に薄いということは、ヒラムシと同様に、呼吸器官や血管をもたないということです。ではディッキンソニアが扁形動物かというと、そうとは思えません。まずディッキンソニアは体に節（体節）があります。これは扁形動物の特徴ではなく、環形動物や節足動物の特徴です。しかし、ディッキンソニアの体節は、体の正中線で左右に分かれ、しかも互い違いに並んでいます。こんな特徴は環形動物や節足動物ではみられません。

　これは体節ではなく、むしろ細長い袋ではないのか？　ザイラッハーは

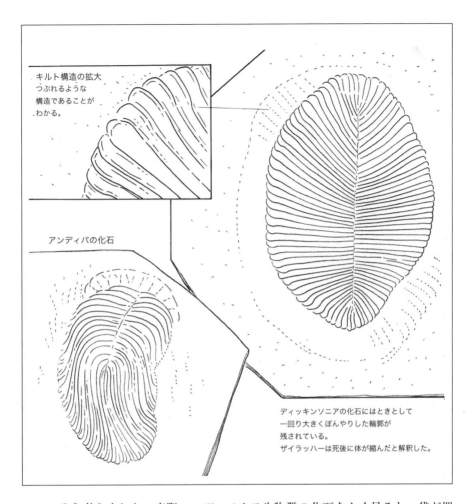

キルト構造の拡大
つぶれるような
構造であることが
わかる。

アンディバの化石

ディッキンソニアの化石にはときとして
一回り大きくぼんやりした輪郭が
残されている。
ザイラッハーは死後に体が縮んだと解釈した。

そう考えました。実際、エディアカラ生物群の化石をよく見ると、袋が押しつぶされたように見えるものがあります。ザイラッハーはこれをキルト構造とよびました。キルトとは本来、小さな布を複数縫い合わせてつくるもののことです。細長いチューブ状の構造がたくさん集まった体をこれにたとえたわけですね。こんな体をもつ動物は知られていません。ザイラッハーはこれらの化石は巨大な単細胞生物ではないかと考えました。確かに単細胞生物の中には、一部の有孔虫のように大きくなるものがいます。こうした理由から、ザイラッハー博士は、これらキルト構造をもつ生物たちを現在には存在しない独自な生物とみなし、ヴェンド生物というよび名を

与えたわけです。

2.6.3 エディアカラ生物は動いた？

　一方、フェドンキンは 2002 年にみつかった新しい化石を、アンディバ・イワンツォフィ（*Andiva ivantsovi*）として報告しました。これはディッキンソニアに似た化石ですが、体の一端が広い三日月型になっています。この部分は頭のように見えます。また、ディッキンソニアとよく似た構造の部分は、この生き物の背中に該当するように見えました。このアンディバの復元を根拠に、フェドンキンはディッキンソニアを背中に殻をもつ動物として復元しました。ディッキンソニアの化石には、化石の周りに、化石を一回り大きくしたような痕がかすかに残っていることがあります。きれいに残ったのは背中にある丈夫な殻であり、かすかな痕は柔らかい体だ、そういう解釈です。

　またフェドンキンはエディアカラの生物が動いたという証拠（生痕）もみつけました。ヨルギア（Yorgia）と名付けられた化石には、ヨルギア本体の周囲に、ヨルギアの体とほぼ同じ大きさの生痕がいくつも残されているものがあります。移動をしたことは明らかでしょう。

2.6.4 食事の痕だという解釈

　一方、ザイラッハーはこうした痕が連続していないことを指摘しています。確かにヨルギアの移動痕は奇妙なもので、ちょうどヨルギア本体を地層にぺたぺた押しつけた、断続的なものです。ザイラッハーはこれを、ヨルギアが食事をした摂食痕ではないかと考えました。

　化石がある地層にはぶつぶつした痕が残っています。これは当時の海底が藻やバクテリアなどによるバクテリアマットで覆われていた痕だと考えられています。しかしヨルギアの移動痕の部分にはこのぶつぶつがありません。まるで溶けてなくなってしまったようです。しかもその領域はヨルギア本体より一回り大きいのです。有孔虫やその仲間の中には細胞から偽足（pseudopodia）というものを周囲に伸ばして餌を取るものがいます。もしヨルギアが同じようなやり方で海底を覆う藻やバクテリアを食べたのなら、体そのものよりも大きな痕が残るでしょう。この解釈に従うとディッキンソニアと同様、ヨルギアもやはり動物ではない、ということになりま

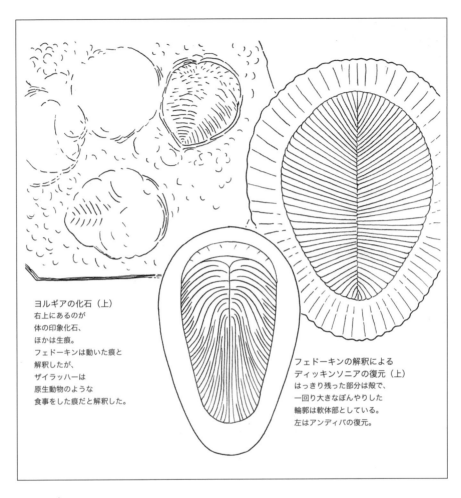

ヨルギアの化石（上）
右上にあるのが
体の印象化石、
ほかは生痕。
フェドーキンは動いた痕と
解釈したが、
ザイラッハーは
原生動物のような
食事をした痕だと解釈した。

フェドーキンの解釈による
ディッキンソニアの復元（上）
はっきり残った部分は殻で、
一回り大きなぼんやりした
輪郭は軟体部としている。
左はアンディバの復元。

す。
　このようにエディアカラの生物たちをどう解釈するのかは、今でも問題になっていますし、ほかにもさまざまな仮説が提案されています。

2.7 節足動物
Arthropods

2.7.1 節足動物とは節状の足をもった動物

　昆虫、多足類、甲殻類、鋏角類、そして化石生物の三葉虫などを節足動物（Arthropoda）とよびますが、これは節状の足をもつことがよび名の由来です。節足動物は足だけでなく胴体にも節があります。胴体の節は、それぞれが体節とよばれています。英語だとセグメント（segment）ですが、甲殻類ではソーマイト（somite）とよぶことがあります。ソーマイトはギリシャ語で体を意味します。

　体節にはそれぞれ足が生えていますが、生物学の用語ではアペンデージ（appendage）とよびます。これは本来、付属物という意味ですが、体の突起物という意味で使われています。つまり、移動に使う足、というよりも少し広い意味合いをもつわけですね。日本語では付属肢です。触角も付属肢ですし、草をばりばりかじっているバッタの顎もじつは足が進化して顎となったものであり、正しくは付属肢です。

2.7.2 三葉虫は体（外骨格）が縦の三区分よりなる

　節足動物の皮膚は基本的にキチン質ですが、結晶となった炭酸カルシウムで外皮をより固くしたものもいます。これを実現した節足動物はごく限られており、フジツボや貝形虫のような一部の甲殻類、そして化石生物の三葉虫しかいません。外皮を結晶で固めた三葉虫は、多くが化石として残っています。三葉虫は古生代を象徴する化石生物であり、カンブリア紀からペルム紀末期まで存続しました。

　三葉虫はトリロバイト（Trilobite）とよびます。これはギリシャ語で3つを意味するトリアに、ロボスをつけたものです。ロボスとは、本来は耳たぶをさす言葉ですが、生物体において、"盛り上がるなどしており、周囲と明らかに区別できる領域"をさす言葉として使われます。つまりトリロバイトとは"3つの（体）領域をもつ"という意味。中央の（体）領域

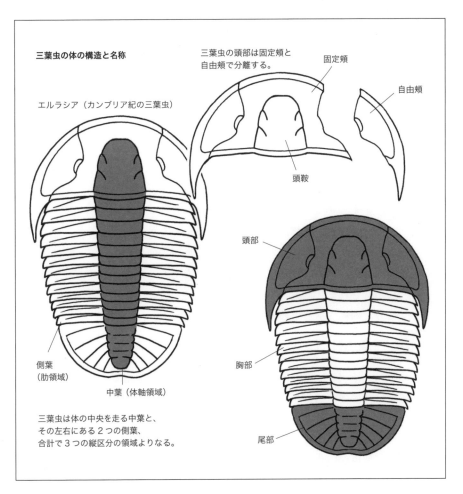

は中葉とよばれており、主要な内臓群と付属肢を収めています。この中葉から左右に飛び出たひさしのような領域が側葉です。これら中葉と左右の側葉で形づくられているため、三葉虫なのです。

2.7.3 三葉虫の足はどれも同じ形だった？

さて、ここまで説明した部分は、いずれも背面から見た構造ばかりです。じつは、三葉虫の化石は背面の殻はきれいに残っているものの、その殻の内側に収められていた生身の部分はほとんどの場合、何も残っていません。このことから三葉虫の背中は炭酸カルシウムの結晶で固められていたのに

対し、お腹はそうではなかったことがわかります。三葉虫の足や触角は、きわめて保存のよい化石でまれにみつかります。たとえばバージェス頁岩からみつかったオレノイデスは、付属肢が非常によく保存されていました。しかし、それぞれの付属肢はほぼ同じ形であり、かなり単調なつくりだといえます。

さらにオレノイデスの付属肢を見ると、根元から2つに分岐していたことがわかります。2つのうち、内側に配置するものはいかにも歩くための形でしたが、外側にくるものは扇のような広い形をしていました。こういうつくりの付属肢は現在のエビやカニでもみられるもので、二叉型付属肢とよびます。

二分岐のうち、外側にくる扇のような分岐を外肢とよびます。この外肢はながらく鰓と考えられてきましたが、最新の研究によって、鰓は側葉の内側にあり、外肢の役割はその鰓に新鮮な海水を運ぶことであったことが明らかにされました。

一方、内側の歩行用の分岐は内肢です。

2.7.4 三葉虫には顎がない？

オレノイデスは頭部に触角がありましたが、顎はありませんでした。付属肢自体には"噛む"機能がありましたが、顎といえるほど専門化していないのです。これは現在のカブトガニに似ています。

付属肢がみつかった三葉虫はほんとうにわずかです。もしかしたら顎をもつ三葉虫がいたのかもしれませんが、これまでのところみつかっていません。これはたぶん、三葉虫の分類にも影響を与えています。節足動物の分類や系統は、付属肢のあり方でその多くが論じられてきました。付属肢がみつからないのは困ったことですし、実際、三葉虫の分類は時代によって大きく変わりました。

2.7.5 鋏角類とウミサソリ

古生代の海で三葉虫と同様に栄えたのが鋏角類（Chelicerata）でした。三葉虫と鋏角類は近縁であると考えられていますが、違いもあります。三葉虫には触角がありますが、鋏角類にはありません。そして鋏角類最大の特徴は、鋏角をもつことです。

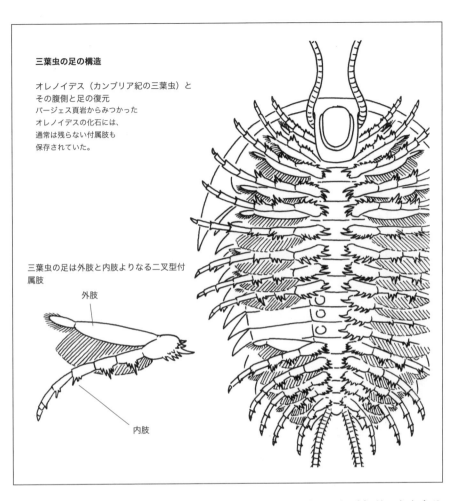

三葉虫の足の構造

オレノイデス（カンブリア紀の三葉虫）とその腹側と足の復元
バージェス頁岩からみつかったオレノイデスの化石には、通常は残らない付属肢も保存されていた。

三葉虫の足は外肢と内肢よりなる二叉型付属肢

外肢

内肢

　鋏角類は、クモ、サソリ、ウミサソリ、ウミグモ、カブトガニからなるグループです。これは体の一番前にある付属肢がハサミ（鋏）状に変形していることをさしたものです。そしてこの付属肢を鋏角とよびます。

　古生代に栄えたウミサソリは広翼類（Eurypterid）とよばれています。これは前から6番目の付属肢が幅の広いオールのようになっていることを表したものですが、これを使って泳いだのでしょう。ウミサソリはデボン紀の終わりに絶滅しました。

　カブトガニは剣尾類（Xiphosura）とよばれます。剣のような尻尾は専門用語でテルソン（telson）とよばれます。カブトガニのテルソンは、尾

剣と訳されています。剣尾類はシルル紀に現れ、現在まで存続しました。

2.7.6 甲殻類と昆虫、多足類

以上の節足動物に対して、甲殻類、昆虫、多足類は触角をもち、さらに顎をもつのが特徴です。それゆえこれらをまとめて大顎類（マンディブラータ：Mandibulata）とよぶ場合があります。

甲殻類（Crustacea）にはエビやカニなどが含まれます。甲殻類は炭酸カルシウムで殻を強化しているので化石になる場合もあります。ただしその炭酸カルシウムは結晶ではないため、三葉虫ほど化石はきれいではありません。結晶をつくる例外の1つが貝形虫（オストラコーダ：Ostracoda）です。これは1ミリ程度の小さな動物で化石が豊富にみつかります。

昆虫（Insecta）と多足類（Myriapoda）は、化石があまり豊富ではありません。確実な化石昆虫と化石多足類は、古生代後期の地層から報告されていますが、さらに一億年以上も古いカンブリア紀からも外見が多足類によく似た節足動物の化石が報告されています。昆虫と多足類の正確な出現時期は、さらなる新発見や研究が積み重ねられることが求められています。

2.7.7 昆虫と多足類は別系統？

節足動物は各グループの間で体のつくりの違いがきわめて大きい生物群です。これゆえ、昆虫と多足類を、甲殻類などとは別系統の動物、単肢類（Uniramia）として分離する見解もありました。これはイギリスの研究者マントン博士（Sidnie Manton）が70年代に主張したものです。

昆虫と多足類の付属肢は二股ではありません。このような分岐のない付属肢を単肢型付属肢とよびます。そして単肢型付属肢をもつのが単肢類です。

マントン博士はカギムシも単肢類に入れました。カギムシたちは有爪動物（Onychophora）とよばれ、節足動物を生み出した原始的な系統の生き残りなのだろうと考えられてきました。そしてその付属肢には、外肢がありません。つまり単肢型付属肢です。マントン博士は、有爪動物から進化したのは昆虫と多足類だけである、そう考えました。

今から考えるとマントン博士の見解は形態的に異なる点を強調するもの

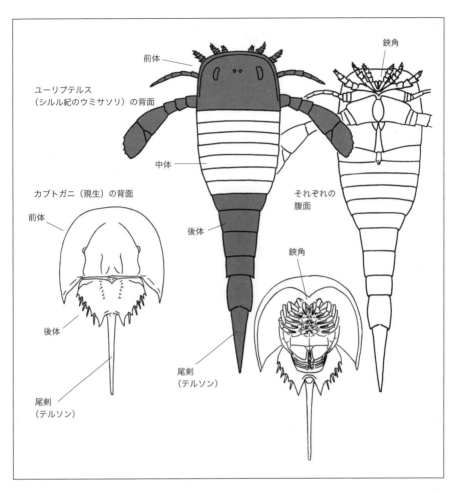

でした。これは系統を語るには向かない考え方です。それゆえ、80年代以降、分岐学や分子系統学が盛んになると、過去のものとなりました。現在、節足動物はすべて単一起源であるというのが有力です。

　近年は、アノマロカリスやオパビニアのような動物が節足動物につながる動物群だと考えられています。アノマロカリスやオパビニアには、体の側面に鰭状の突起があります。これが節足動物の外肢に相当するのかもしれません。この見解だと、節足動物の付属肢は、本来は二肢型だったことになります。しかし、まださまざまな問題が未解決で、現在進行形で研究が進められています。

2.7.8 ヘッド・プロブレム

　節足動物の進化については未解決の大きな問題が多くあります。そのひとつがヘッド・プロブレム（Head problem）で、一世紀以上、かんかんがくがくの議論が続いています。たとえばバージェス頁岩からみつかる節足動物ヨホイアは、大きな棘のついた付属肢を頭部から生やしています。これは一番前にある付属肢で、甲殻類や昆虫なら触角に当たるような位置に対応します。こうした付属肢を頭部にもつ化石節足動物はほかにもいろいろとあります。そしてこのような付属肢を大付属肢（Great appendage）とよびます。

　幾人かの研究者は、大付属肢はアノマロカリスの頭部から生えた触手と同じである。さらには鋏角類の鋏角もこれの発展型だと解釈しました。これはかなり大胆な仮説でしょう。

　もう少し穏便な見方は、三葉虫の触角とヨホイアの大付属肢、そして鋏角類の鋏角は同じものだと考える立場です。

　一方、スウェーデンのバット博士（Graham Budd）は、節足動物において頭部の一番前にある付属肢は、本来は大付属肢であった。しかしこれは腹側に折れ曲がり縮小して、より派生的な節足動物では失われたと考えました。

　このように節足動物には未だに大きな謎と議論が残っています。また、化石は進化の過程において実在したものの証拠ですから、この議論において、化石と古生物学の知見が大きくものをいうのは確かでしょう。しかし、化石は生きていた姿のままではなく、押しつぶされて平面化しています。このため、同じ種類の化石節足動物でも個体によってはまったく違う動物に見えることも多いそうです。さらなる新発見や研究が積み重ねられて、古生物学以外の分野とも積極的に検討を重ねてゆくことが必要なのでしょう。

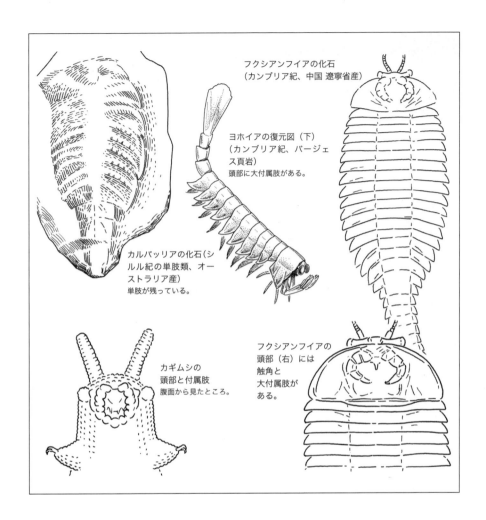

2.7 節足動物

2.8 腕足動物とコケムシ動物
Brachiopoda and Bryozoa

2.8.1 殻は左右対称

　腕足動物は二枚貝によく似ています。しかし二枚貝の殻が体の左右にあるのに対して、腕足動物の殻は体の背腹にあります。このため、腕足動物の殻は一枚だけでも左右対称です。二枚貝とはここで識別できます。

　また、二枚貝は基本的に足を使って移動できます。一方、腕足動物は殻の後端にある小さな穴から肉茎（pedicle）というものを伸ばして、これを使って何か固いものに付着します。ただし、絶滅した腕足動物の中には肉茎をもたず、海底に寝そべって暮らすものもいました。

2.8.2 腕足動物の特徴はブラキア

　腕足動物がもつ最大の特徴はブラキア（brachia）です。これは殻の内部にある左右一対の突出した構造で、繊毛を備えた触手が生えています。ブラキはギリシャ語で腕の意味。じつはかつて、この"腕"が足のように働くと誤解されていたため、腕足動物と名づけられました。

　ブラキアの役割は繊毛を動かして水流を起こすことです。こうして腕足動物は殻口から水を吸い込んで細かなものを集めて食べます。ブラキアはロフォフォア（lophophore）ともよばれますが、これはギリシャ語で"運ぶ冠"の意味で、餌を集める器官であることを反映した命名だといえます。日本語では触手冠の訳語が当てられています。コケムシも触手冠をもつので、腕足動物とコケムシ動物は広く一括して扱われることもあります。

2.8.3 コケムシ動物

　ホタテガイの殻の表面には、ときとして網目状のものがついていますが、これがコケムシです。コケムシ動物は群れで暮らす動物であり、網目の目、そのひとつひとつが部屋であり、そこに個体が入っています。ホタテガイの殻につくコケムシは平面に這う網目の形をしていますが、樹枝状やレー

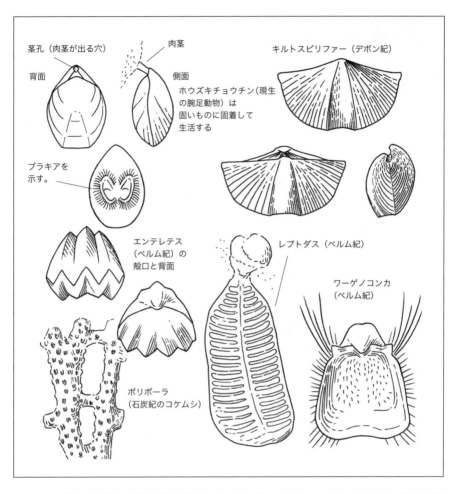

　ス状に成長して礁を構成するコケムシもいます。コケムシはオルドビス紀に現れ、ペルム紀の絶滅で大打撃を受けましたが、白亜紀以降、再び勢力を盛り返し、現在まで生き延びています。

2.9 軟体動物
Mollusca

2.9.1 内臓を背負い、外套で覆う種族

　溝腹類、無板類、単板類、腹足類、二枚貝類、掘足類（ツノガイ類）、多板類（ヒザラガイ類）、頭足類などを含むグループです。足をもち、その上に頭があり、その上に内臓があります。さらに体部を覆う肉質の器官、外套膜（mantle）をもちます。

　軟体動物を足から見ると足を中心に、頭や内臓、鰓が周りに配置され、そのさらに外側を外套が縁取ります。エディアカラ紀の化石生物キンベレラが軟体動物と考えられたのは、この特徴をもつことが理由のひとつです。また、溝腹類や無板類を除くと、原則的に炭酸カルシウムでできた貝殻を背中に背負います。

2.9.2 腹足類と二枚貝類

　腹足類（巻貝）は傘型の殻をもつものもいますが、殻が伸びて立体螺旋状に巻いているものが大半です。腹足類の殻は、後述する頭足類のアンモナイトの殻と外見上、よく似ています。しかし多くの場合、アンモナイトは平巻き、つまり同一の平面で殻が巻きます。これに対して、巻貝の殻は多かれ少なかれ立体螺旋状に巻くので区別できます。ただし、立体螺旋状に巻くアンモナイトや、少ないながらも平巻きの腹足類もいます。一方、殻の内部を見るとアンモナイトやオウムガイの殻は多数の隔壁に仕切られ、多室性の気房部になっています。腹足類の殻にこういうものはありません。また、アンモナイトの殻は浮力を得る器官なので殻が非常に薄いのに対し、腹足類の殻はもっと厚いという違いがあります。

　二枚貝は背中の殻が正中線から左右に分かれて現在の姿になったようです。貝殻が左右二枚の殻に分かれるので、一対になって初めて左右対称となります。それゆえ、片方だけの貝殻ですと、殻に前後と上下はありますが、左右というものがありません。また、貝殻を閉じる際に貝柱を使うの

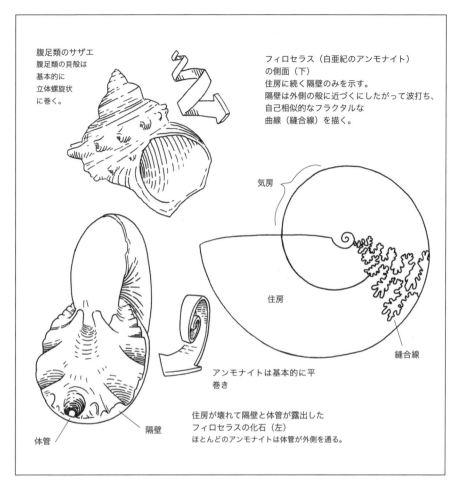

腹足類のサザエ
腹足類の貝殻は基本的に立体螺旋状に巻く。

フィロセラス（白亜紀のアンモナイト）の側面（下）
住房に続く隔壁のみを示す。
隔壁は外側の殻に近くにしたがって波打ち、自己相似的なフラクタルな曲線（縫合線）を描く。

気房
住房
縫合線

アンモナイトは基本的に平巻き

体管
隔壁

住房が壊れて隔壁と体管が露出したフィロセラスの化石（左）
ほとんどのアンモナイトは体管が外側を通る。

で、それが付着する痕が貝殻にあります。鮮新世のタカハシホタテや中生代に栄えた厚歯二枚貝の中には、海底に寝そべる生活をするため、二枚の殻の形が大きく変わっています。しかし殻全体を見ると上記のような特徴を残しています。

2.9.3 頭足類は貝殻を浮きとして使う

　頭足類はイカ、タコの仲間です。多くの場合、貝殻は痕跡のようなものになっています。しかし、コウイカは、体内に炭酸カルシウムでできた貝殻をもち、これには細かい仕切りがあります。トグロコウイカは体に半ば

埋もれた巻いた貝殻をもち、これも中は仕切られて、いくつもの部屋になっています。より顕著なのはオウムガイです。貝殻は完全に体の外にあります。貝殻の内部はやはり仕切られていくつもの部屋になり、体は一番前の部屋に入っています。このように頭足類がもつ貝殻は内部が区切られた多室性であることが特徴です。

　以上のような特徴は地層からみつかるさまざまな頭足類の貝殻化石にもみられるものでした。そもそもこのことから、直角貝やアンモナイト、ベレムナイトは頭足類の貝殻であり、その化石であることがわかったのです。

　頭足類の貝殻を特徴づける仕切りは、隔壁（septum）とよばれます。隔壁で区切られた小部屋は部屋とか、室、あるいは房とよばれます。英語では chamber あるいは camera です。こうした房の内部は気体で満たされています。ですから気室ともいいます。頭足類の貝殻全体を見たとき、気室が連なった部分を気房（pharagmocone）とよびます。気房内部の気体は1気圧よりも薄いガスで、窒素が主体です。内部が気体ですから、頭足類の貝殻は水より軽くなり、浮力をもつようになります。こうして頭足類は、海底を離れ、自在に遊泳することができるようになりました。

　気房には気体だけでなく、少量の液体も入っており、さらに管が通っています。この管は連室細管とか体管（siphuncle）とよばれます。体管の内部には血管などの組織が入っています。この血管を介して、頭足類は気房内部の液体を出し入れします。こうすることで気房の浮力を調整します。液体の出し入れには浸透圧を利用します。

　以上のような気房の前にある部屋は住房（living chamber）とよばれており、頭足類の体はここに入っています。

2.9.4 内角石類、珠角石類、直角石類

　頭足類で一番古い化石は中国のカンブリア紀の地層からみつかったプレクトロノセラス（*Plectronoceras*）と、その仲間たちです。これをエレスメロセラス類（Ellesmeroceratida）とよびますが、どれも1センチ程度の小さな種類でした。

　次のオルドビス紀に入るともっと大きな頭足類が現れました。エンドセラス（*Endoceras*）を代表とするエンドセラス類（Endoceratida）は体管が太く、さらにそれが中心からずれた位置を通っていました。また、体管

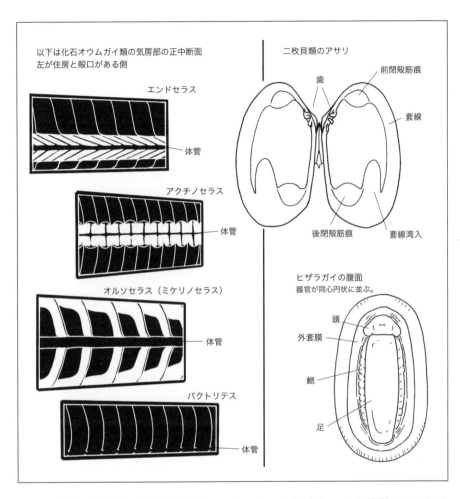

内部に円錐状の沈殿物（siphuncular deposit）をもつのが特徴で、これはエンドコーン（endocone：意味は"内部の円錐"）とよばれています。このグループは日本語では内角石類とよばれます。彼らはオルドビス紀の終わりにそのほとんどが滅び去りました。

アクチノセラス（*Actinoceras*）を代表とするアクチノセラス類（Actinocerida）もオルドビス紀に現れたグループですが、むしろシルル紀の地層から多くみつかります。体管は太く、さらに部屋ごとに膨らんだ形をしていました。化石を見るとソロバンの珠かおはじきをつなげたように見えます。体管だけでなく、部屋の内部にも沈殿物をつくります。この

仲間には日本語で珠角石類が当てられています。石炭紀まで存続しました。

オルソセラス（*Orthoceras*）を代表とするオルソセラス類（Orthoceratida）もオルドビス紀に現れた頭足類です。名前のオルソはギリシャ語で"まっすぐ"とか"直立"を意味しており、セラスはギリシャ語で角を意味します。その名の通りオルソセラスの貝殻はまっすぐ伸びた円錐状で、日本語では直角貝と訳されます。オルソセラスたちは三畳紀の終わりまで存続しました。このグループはミケリノセラス類（Michelinoceratida）とよばれる場合もあります。

ほかにもいくつか種類がいますが、これらの頭足類はいずれも貝殻がまっすぐか、あるいはゆるくカーブしており、広い意味で直角貝として扱われる場合があります。

2.9.5 バクトリテスはアンモナイトの祖先

例外はバクトリテス（Bactrites）たちです。この仲間の起源はシルル紀後期にまでさかのぼるようです。貝殻は円錐状で、内部には沈殿物がありません。また、体管は貝殻の腹に沿って伸びていました。さらに体管の末端が小さな球状の構造になっています。これは最初にできた部屋で、初期室（initial chamber）というものです。球状の初期室はオウムガイなどにはありません。しかし、アンモナイトにはあります。このことから、アンモナイト類はバクトリテス類からデボン紀初期に分化したと考えられています。バクトリテス類はペルム紀まで存続しました。

2.9.6 アンモナイトとオウムガイの区別

これまで述べた頭足類に対し、オウムガイとアンモナイトはどちらも巻いた貝殻をもち、見た目はよく似ています。現生のオウムガイへと続く狭義のオウムガイ類はデボン紀に現れました。アンモナイトも同じ時期に出現しています。しかしアンモナイトの祖先であるバクトリテスの貝殻が巻いていないことなどを考えると、オウムガイとアンモナイトが似ているのは他人のそら似なのでしょう。

事実、オウムガイとアンモナイトの殻には違いもあります。まず体管の位置です。オウムガイでは体管が殻の中央か、やや背中より（巻いた殻の中心に近い方）を通ります。一方、アンモナイトの体管は腹側（巻いた殻

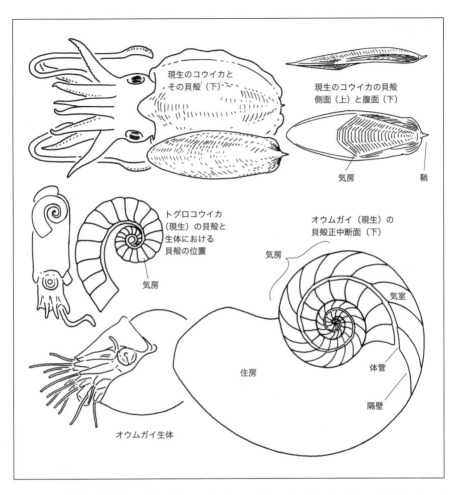

の外側)を通り、殻に沿って伸びています。ただしクリメニア類のアンモナイトのように例外があります。

　また、アンモナイトはオウムガイ類よりもはるかに複雑な縫合線をもちます。この場合の縫合線とは、隔壁と貝殻の接触する部分のことで、英語ではスーチャー(suture)とよびます。またアンモナイトでは、殻の正中線で切ったとき、隔壁が外側(殻口)のほうへ向かって湾曲(凸)しています。反対にオウムガイ類は隔壁が内側へ向かって湾曲しているので、ここでもアンモナイトとオウムガイを区別できます。

2.9.7 古生代のアンモナイトと中生代のアンモナイト

アンモナイトは大繁栄し、デボン紀後期以降の地層からみつかる頭足類化石のほとんどは、アンモナイトで占められるようになりました。アンモナイトは大きく分けると、前述のバクトリテス類（Bactritida）、そしてアナルセステス類（Anarcestida）、クリメニア類（Clymeniida）、ゴニアタイト類（Goniatitida）、セラタイト類（Ceratitida）、そして狭義のアンモナイト類（Ammonitida）に分けられます。

アナルセステス類はデボン紀の前半、アンモナイトの黎明期といえる時代にいました。デボン紀後期、これに取ってかわるように急激に数を増やして栄えたのがゴニアタイト類とクリメニア類でした。ゴニアタイトたちの縫合線は、いく度も折れ曲がったジグザグをつくります。クリメニアたちは体管が背中側（巻いた殻の中心寄り）を通る、異例なアンモナイトです。しかし縫合線の様子はゴニアタイトとよく似ていました。クリメニアの系統はデボン紀末期の大量絶滅で滅びました。一方、ゴニアタイトの系統はなんとか生き延び、続くデボン紀、石炭紀、ペルム紀に再び栄えました。しかしペルム紀末期の大量絶滅で消え去ります。

中生代に栄えたのがセラタイト類でした。これは縫合線のギザギザがさらに細かく波打つものです。セラタイト類はペルム紀には出現していましたが、三畳紀に大繁栄し、その後、三畳紀末期の大量絶滅で滅び去りました。狭い意味でのアンモナイト類は三畳紀に現れましたが当初は数が少なく、本格的に栄えたのはジュラ紀と白亜紀です。この系統は白亜紀末期の大量絶滅で滅びています。彼らの縫合線はさらに複雑で、植物の枝のように分岐したものになります。

2.9.8 鞘形類　ベレムナイトと現在のイカ、タコ

以上の頭足類たちに対して貝殻を体の内部にもつものがベレムナイトと現在まで存続したコウイカです。両者とも初期室が分厚い炭酸カルシウムの鞘に覆われています。それゆえ、ベレムナイトとコウイカ、ひいては現在のイカ、タコは一括して鞘形類（Coleoid）として分類されています。貝殻は軟体部から分泌されてつくられます。貝殻が初期室を覆うとは、初期室が軟体部に埋もれていたこと、周りから炭酸カルシウムを塗り重ねら

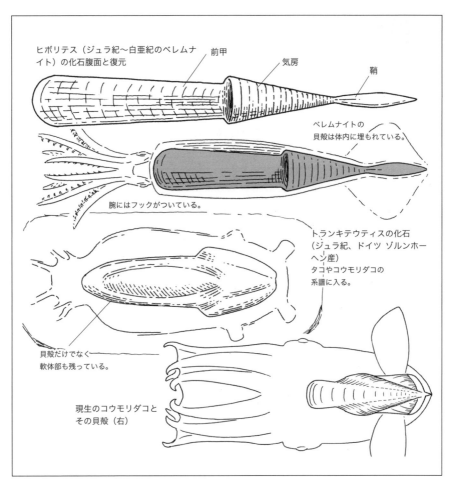

れていたことを示します。コウイカの殻は体に埋もれていますし、ベレムナイトも同様でした。

　最も古い鞘形類は石炭紀前期に出現しています。ベレムナイト類（Belemnitida）はおそらくペルム紀に出現しましたが、ジュラ紀、白亜紀にとくに栄えました。貝殻の後端は分厚く、やじりのように伸びています。ベレムナイト（矢石）という名はこれが由来です。白亜紀にはタコやイカの仲間も現れましたが、いずれもまだ、かなりしっかりした貝殻を残していました。現在のイカ、タコの貝殻は、多くの場合、炭酸カルシウムを失っています。イカ、タコはそれぞれ独立に貝殻を退化させたのでしょう。

2.10 棘皮動物
Echinodermata

2.10.1 板状の骨と五放射相称性

　棘皮動物はヒトデ、クモヒトデ、ウニ、ナマコ、ウミユリよりなる動物群で、炭酸カルシウムの骨格をもちます。ナマコのように骨格が退化的なものもいますが、ウニのように棘をもつものが多くいます。よび名であるエキノデルマータ（Echinodermata）もギリシャ語で"ハリネズミのような皮"という意味です。棘皮動物の顕著な特徴は、体の中心に対して同一の器官が五つ放射状に並ぶことです。これを五放射相称性（five-rayed symmetry あるいは pentameral symmetry）とよびます。化石で知られる代表的な棘皮動物としてはさまざまなものがありますが、ウミユリやウミツボミ、ヒトデ、クモヒトデ、ウニなどが挙げられます。

　ヒトデの体を逆さまにすると、腕の真ん中を溝が走り、その溝が体の中心にまで伸びています。この溝はアンブラクルム（ambulacrum）とよばれるもので、意味はラテン語で樹々のある散歩道、日本語では歩帯です。生きているときは歩帯から半透明の細長い突起がずらっと並んで伸びています。これは水管というもので、体の移動を助けたり、あるいは捕まえた貝殻を押さえることに使うものです。そして歩帯が集まる体の中心に口があります。一方、ウミユリの場合、口のある面が上を向きます。そうして海水を流れてくる小さなものを集め、歩帯で口まで運び、それを食べます。

2.10.2 固着性のウミユリ

　ウミユリの外見は植物を思わせます。英語ではシー・リリー（Sea lily）、つまり"海の百合"ですし、日本語はこれの直訳です。植物的なせいか、体を支える柄は茎（stem）、茎の先にある内臓が収まった膨らんだ部分は萼部（theca）とよばれます。

　ウミリンゴ類（Cystoid）は、ウミユリに連なる動物の中では原始的と考えられるもので、萼部は球形、あるいは袋状で、たくさんの骨の板で包

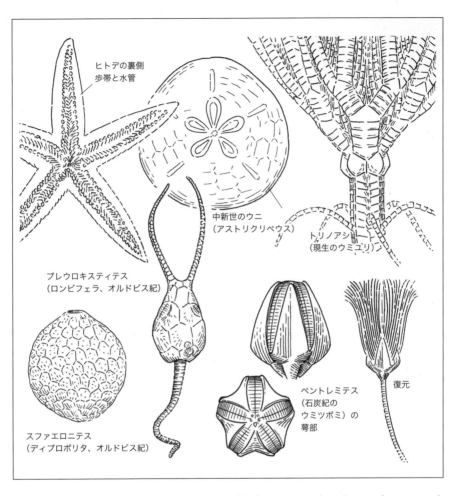

まれています。このグループは、最近ではディプロポリタ（Diploprita）とロンビフェラ（Rhombifera）に分けられることが多くなりました。彼らはオルドビス紀に現れ、デボン紀末期の大量絶滅で滅び去りました。

ウミツボミ類（Blastoid）は萼部のつくりがきれいな五放射相称になったものです。オルドビス紀に現れて、ペルム紀の後半に滅び去っています。

現在まで存続しているウミユリ類（Crinoid）はオルドビス紀に現れました。しかし茎を使って海底に固着するウミユリはいまでは退潮傾向にあって、深い海にしかいません。浅い海では茎をもたないウミユリ類（ウミシダ）が栄えています。

2.11 筆石（半索動物）
Hemicordata

2.11.1 リンネが記載した筆石

　　半索動物はおもに砂の中に潜って生活する海の動物で、体は細長く、ぐにゃりしています。半索動物が受精卵から成長するとき、胚にできる2つの開口部のうち、2番目にできるものが口になります。これは棘皮動物や次に述べる脊索動物と共通しています。このことからすると半索動物は棘皮動物、脊索動物に近いのでしょう。これらはひとつにまとめて新口動物ともよばれます。そして筆石はこの半索動物でした。

　　生物分類学を確立した18世紀の研究者カール・フォン・リンネは地層からみつかった奇妙な構造にグラプトリッス（*Graptolithus*）という学名をつけました。これはギリシャ語で、意訳すれば"石に描かれたもの"、日本語では筆石です。グループ名としてはグラプトライト（Graptolite）がよく使われます。筆石はよび名の通り、岩に描かれた落書きのような化石です。19世紀の終わりになると、薄い酸で岩石を溶かし、化石を分離して詳しい研究が行われるようになりました。

2.11.2 筆石は半索動物の群れ

　　筆石の化石はカップ状の小さな構造が規則正しく並んでできています。この構造は[1]テカ（theca）とよばれます。これは棘皮動物の萼部をさすのと同じよび名ですが、筆石のテカには"胞"の訳が当てられています。

　　胞の中には生き物が入っていたのでしょう。それが並ぶ様子は群れで暮らすサンゴを思わせます。しかし胞のつくりは左右対称でした。サンゴのような放射状の肉体をもつ動物とは思えません。むしろよく似ているのは半索動物でした。現生の半索動物の中には有機質の殻の中に群れですむ翼鰓類がいます。筆石はこの仲間だったのでしょう。

　　筆石には4つのグループ、樹形類（Dendroid）、管形類（Tuboid）、房形類（Camaroid）、枝形類（Stolonoid）、そして正筆石類（Graptoloid）が

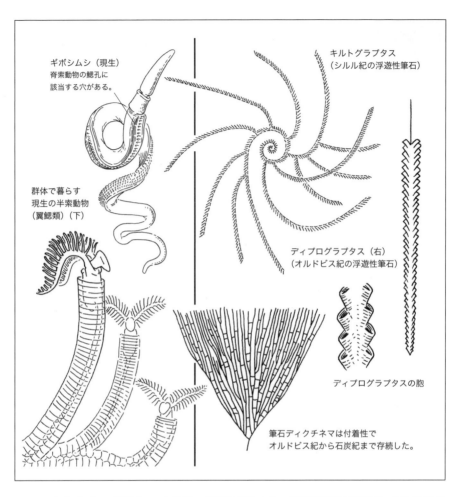

あります。重要なのは最後の正筆石類です。正筆石類は浮遊性で分布が広く、しかもつぎつぎに形が変っていくので、地層の年代を知る手がかりとして重宝されるものです。オルドビス紀に現れて大繁栄した後、シルル紀の中頃に衰退し、ごく一部がデボン紀まで存続して前期の終わりに消滅しました。ほかの筆石たちは原則的に海底や浮遊物などに付く付着性で、カンブリア紀に出現して石炭紀の後半まで存続しています。

　日本は筆石の化石がほとんど産出せず、確かなものは高知県の横倉山にあるシルル紀の石灰岩から出たものだけです。

---

[1] 容器、鞘＝テカ　theca（ラテン語）

2.12 脊索動物
Chordata

2.12.1 脊索動物は背中に紐がある

脊索動物は、脊索をもつのが特徴で、脊索はコルダとか、あるいはノトコルドともいいます。脊索は背中を通る丈夫な紐状の器官のことで、コルダだと、ギリシャ語で[1]紐の意味ですし、ノトコルドだと"背中の紐"の意味になります。つまり脊索とは、これの直訳ですね。

脊索動物の体には節があり、筋肉が"く"の字状、あるいは"Vの字状"に分かれるのも特徴です。これはミオメレとよばれており、ギリシャ語で"[2]筋肉の[3]分かれた部分"という意味。日本語では筋節といいます。

---
[1] 紐＝コルデー　χορδη（ギリシャ語）　[2] 筋肉＝ミュース　μυσ（ギリシャ語）
[3] 分かれた部分＝メリス　μερισ（ギリシャ語）

2.12.2 脊椎動物には脊椎と頭部と眼球がある

脊索動物にはホヤ、ナメクジウオ、脊椎動物が含まれますが、ホヤなどの化石はごくまれです。ここでは脊椎動物について説明しましょう。

脊椎動物は明瞭な頭部をもち、そこには脳を収める頭蓋と発達した眼球があります。また、脊椎動物はその名の通り、脊椎、つまり背骨をもつのが特徴です。脊椎動物は英語ではヴァーテブラです。これはラテン語で[1]椎骨のこと。椎骨とは背骨を構成するひとつひとつの骨で、脊索の周囲にできるものです。人間のように脊索が完全に背骨に置き換わっているものもいますが、脊索の周辺に軟骨のかけらが並んでいるだけでもそれは脊椎として扱われます。また、脊椎動物の骨や歯はリン酸カルシウムからつくられています。

最古の脊椎動物の化石は、中国の、カンブリア紀中期の地層からみつかったミロクンミンギアとハイコウイクチスです。この化石には脊椎と筋節、眼球の痕が残っていました。

---
[1] 椎骨＝ヴァーテブラ　vertebra（ラテン語）

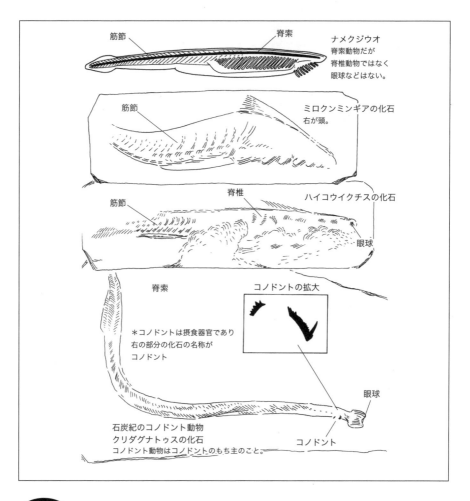

2.12.3 脊椎動物には顎がなかった

　最初に豊富な化石がみつかる脊椎動物はコノドントです。これは歯を思わせる化石ですが、大きくても3ミリ程度、多くは1ミリ前後かそれ以下です。コノドントのもち主は長く不明のままでしたが、1980年代になってコノドントをもつ動物の化石がみつかり、もち主が脊椎動物であることがわかりました。これをコノドント動物といいます。コノドントはコノドント動物の摂食器官だったのです。コノドント動物はカンブリア紀の後半に現れましたが、数を増やしたのは続くオルドビス紀です。彼らは三畳紀

の終わりに起きた大量絶滅で消え去りました。

　これらの脊椎動物は下顎をもたず、口は単なる穴でした。また、骨はせいぜい軟骨で、固い歯をもつコノドントも、固い骨はもちません。

2.12.4 固い骨は外骨格から始まった

　固い骨をもつ一番古い脊椎動物はオルドビス紀のサカバンバスピスです。しかし背骨は軟骨のまま固くなっていません。固い骨は体を覆う外骨格でした。固い骨をもつ脊椎動物は、まず、外骨格動物としてスタートしたのです。サカバンバスピスは翼甲類というグループに属します。この系統はデボン紀後期に滅び去りました。

　顎をもたず、外骨格で身を覆う魚でおおいに繁栄したもう1つのグループが、頭甲類です。こちらは頭部を覆う骨に奇妙なへこみがあるのが特徴です。頭甲類はシルル紀に現れ、デボン紀後期に滅び去りました。

　顎をもたず外骨格で体を覆っていた魚はほかにもいろいろといましたが、いずれもデボン紀後期に滅び去りました。現在でもヌタウナギとヤツメウナギのように顎をもたない魚がいますが、いずれも外骨格はもっていません。

2.12.5 顎をもつ魚が現れた

　さて、顎をもたない魚についで現れたのが、顎をもつ魚である、顎口類たちです。顎口類には大きく5つの系統があります。その1つが軟骨魚類です。軟骨魚類はサメやエイ、ギンザメよりなるグループで、現在まで存続しました。頭骨は軟骨の塊で背骨も軟骨です（種類によっては石灰化がかなり進んではいます）。一方、軟骨魚類の歯と体を覆う鱗は固いものでした。その意味では軟骨魚類も外骨格的だといえます。また、軟骨魚類の雄は腹びれにクラスパーという器官をもつのが特徴です。これは交尾のときに用いられます。

　顎をもつ魚の第2の系統が板皮類です。その名の通り、頭と胸が板状の骨で装甲された魚です。こちらはデボン紀末期にすべて滅び去りました。クラスパーをもつ種類がいくつかいることを考えると、軟骨魚類に近いのかもしれません。

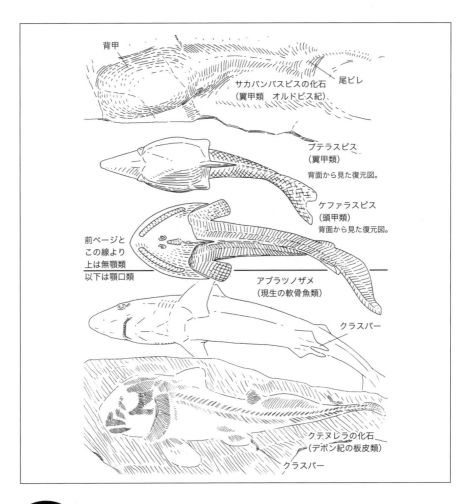

2.12.6 棘魚類と硬骨魚類

　顎口類、第3のグループが棘魚類です。その名の通り、尾びれを抜かしたすべての鰭に頑丈な棘がつきます。棘魚類は次に述べる、硬骨魚類に近縁だと考えられています。シルル紀初期からペルム紀の前期まで存続しました。

　さて、顎をもつ脊椎動物の残りの2つ、条鰭類と肉鰭類は1つにまとめられてオステイクチスとよばれています。これはギリシャ語で"^{1}骨の^{2}魚"という意味。日本語では硬骨魚類です。よび名の通り固い脊椎をもつ魚で

すが、初期のものは背骨の発達がよくなく、外骨格である鱗のほうが頑強でした。また、脳を収める骨の周囲に、新たに固い外骨格ができたのも特徴です。

[1] 骨＝オステオン　 $o\sigma\tau\varepsilon o\nu$ （ギリシャ語）
[2] 魚＝イクティース　 $\iota\chi\theta\upsilon\sigma$ （ギリシャ語）

2.12.7 条鰭類

　硬骨魚類の1つ、条鰭類はアクチノプテリギイといいます。これはギリシャ語で"[1]放射状の[2]鰭"の意味。鰭が放射状に並んだ鰭条に支えられていることを示したものです。このグループは私たちが魚とよぶ動物のほとんどを占めています。初期のものは鱗が頑丈で、それぞれの鱗に突起とくぼみがあって、隣り合う鱗どうしがかみ合っていました。さらに鱗の表面にはガノインとよばれる、[3]光沢をもつ固い層があります。ガノインは私たちの歯と同じエナメル質でできています。ガノインで覆われた鱗をガノイド・スケールとよびます。日本語では硬鱗です。現在の条鰭類の多くは背骨が頑丈になる一方で、鱗が二次的に薄くなり、ガノインをもつものは北米のガー・パイクやアミアなど、ごくわずかです。条鰭類はシルル紀から知られていますが、本格的に数を増やしたのは石炭紀以降でした。

[1] 光、放射＝アクティース　 $\alpha\kappa\tau\iota\sigma$ （ギリシャ語）
[2] 鰭＝プテリギオー　 $\pi\tau\varepsilon\rho\upsilon\gamma\iota o$ （ギリシャ語）　　[3] 光沢＝ガノス　 $\gamma\alpha\nu o\sigma$ （ギリシャ語）

2.12.8 肉鰭類と初期の四肢動物

　硬骨魚類のもう1つ、肉鰭類はサルコプテリギイといいます。これはギリシャ語で"[1]肉の鰭"の意味。鰭を支える肉質の柄をもつことが特徴で、内部には頑丈な骨が連なっていました。これらの骨は人間の上腕骨や大腿骨と同じものです。この系統の化石はデボン紀初期からみつかり、現在まで存続しました。ただ、魚としては古生代以降あまりぱっとしません。むしろ陸上進出を果たして繁栄したグループだといえます。魚として代表的なものは現在まで生き延びたシーラカンスと肺魚です。

　ユーステノプテロンはデボン紀後期の肉鰭類です。これにごく近いものから、陸上脊椎動物が現れました。陸上脊椎動物は胸びれと腹びれが、手足となり、四肢をもつに至ったので、"四つの脚"を意味するテトラポー

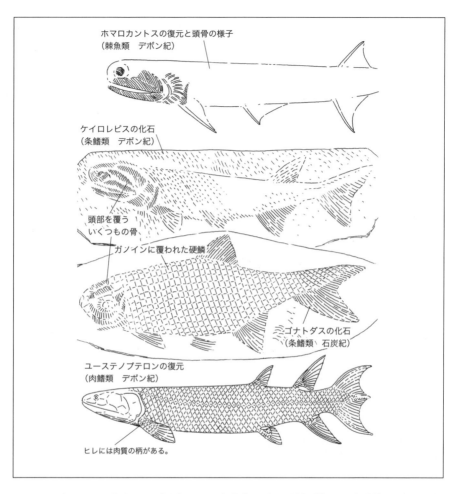

ホマロカントスの復元と頭骨の様子
（棘魚類　デボン紀）

ケイロレピスの化石
（条鰭類　デボン紀）

頭部を覆う
いくつもの骨
ガノインに覆われた硬鱗

ゴナトダスの化石
（条鰭類、石炭紀）

ユーステノプテロンの復元
（肉鰭類　デボン紀）

ヒレには肉質の柄がある。

ドとよばれます。日本語では四肢動物です。最初期の四肢動物はデボン紀後期のアカントステガですが、これは水中生活者だったようです。アカントステガは事実上、まだ魚のように生活していたというべきでしょう。

[1] 肉＝サルクス　σαρξ（ギリシャ語）

2.12.9 両生類とオムニオタ

　石炭紀になると、四肢動物は本格的に陸上に進出し、さまざまなものが現れましたが、ここでは現在まで存続した2つの系統だけを取り上げます。1つは両生類です。これは現在のカエルやサンショウウオに連なるもので、

口の裏（口蓋）に大きな一対の開口部をもっていました。

そしてもう1つがオムニオタです。オムニオタとは、ギリシャ語で[1]羊膜を意味するアムニオンに由来するよび名で、日本語では有羊膜類とよばれます。羊膜とは胎児を覆う膜のことで、内部に羊水が満たされます。さらにこれが石灰質の殻に覆われることによって、内部に水を含む固い殻をもつ卵が成立しました。こうして陸上の乾いた環境でも卵の内部で子供が育ち、孵化が可能となります。哺乳類などでは卵の殻がなくなり、母体内部で子供が育つようになっています。

---

[1] 羊膜＝アムニオン　$\alpha\mu\nu\iota o\nu$（ギリシャ語）

2.12.10 単弓類がまず栄えた

有羊膜類で最初に栄えた系統がシナプシダです。このよび名はギリシャ語で"単一のアーチ"という意味。日本語では単弓類です。これは私たち人類が所属する系統でもあります。

硬骨魚類では頭蓋とそれを包む筋肉が外骨格で覆われました。後からかぶさったこの外骨格に開口部が開いたのが単弓類です。開口部を縁取る骨をアーチに見立てたのがよび名の由来で、単一とは、穴を縁取る骨のアーチが1つであることを示します。この開口部にはテンポラル・フェネストラというよび名が与えられています。日本語では側頭窓です。これは筋肉の付着点を与えるなどの役割を果たしています。

2.12.11 哺乳類は単弓類である

単弓類は石炭紀後期に現れました。歯の役割分担が顕著で、初期の化石を見ても犬歯が発達しています。単弓類はペルム紀におおいに栄えましたが、この時代末期の大量絶滅で衰退します。

続く三畳紀、単弓類から哺乳類が出現しますが、体は小さいままでした。哺乳類の特徴は顎が単一の骨で構成されることです。本来、単弓類の下顎は複数の骨で構成されていましたが、哺乳類では歯骨という骨が拡大し、ほかの骨に取って代わりました。中生代には爬虫類が栄え、哺乳類は小さな体のものが多かったのですが、白亜紀末期に起きた大量絶滅以後、爬虫類は衰亡します。そして新生代に入ると、哺乳類が栄えるようになりました。

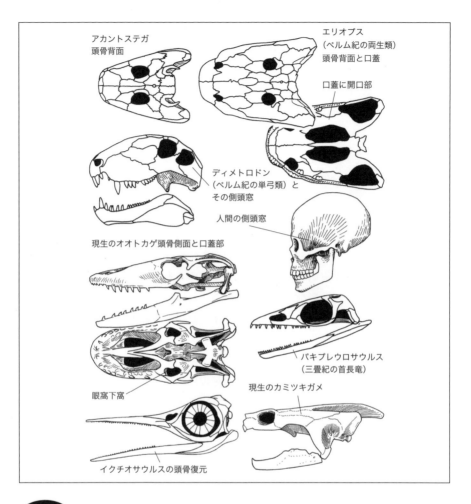

2.12.12 中生代に栄えた爬虫類

　有羊膜類のもう1つの大グループが爬虫類です。姿、形がさまざまでなかなか共通点が見当たりませんが、口の裏側の口蓋部分に、サブオービタル・フォラメンとよばれる開口部をもつのがひとつの特徴です。日本語では眼窩下窩と直訳されていますが、初期のものではあまり顕著ではありません。単弓類と同様、爬虫類も石炭紀に現れました。とくにペルム紀末期の大量絶滅以後は、単弓類と同様、頭の側面に側頭窓をもつものが栄えます。ただし、これらの爬虫類は単弓類と違って上下2つの側頭窓をもって

いました。この系統にはディアプシダというよび名が与えられています。意味は"2つのアーチ"。側頭部に開いた上側頭窓と下側頭窓、そしてそれらを縁取る骨を2つのアーチに見立てたものです。ディアプシダは日本語では双弓類です。

　中生代にはさまざまな双弓類が栄えるようになりました。1つは鱗竜形類で、これにはトカゲやヘビ、モササウルス、さらには首長竜が含まれます。

　そして中生代の陸上を支配した双弓類がアルコサウリアでした。これはギリシャ語で[1]支配者としての[2]トカゲという意味で、日本語では主竜類です。主竜類にはワニと翼竜、そして恐竜が含まれます。主竜類の特徴は側頭窓に加えて、眼の前にも開口部をもっていたことです。これはアントオービタル・フェネストラ（antorbital fenestra）とよばれています。日本語では意味を直訳して前眼窩窓です。カメもどうやら主竜類に近いようです。カメは側頭窓をもちませんが、これは二次的に閉鎖したようです。

　恐竜は三畳紀の終わり頃に出現しましたが、そのときにはもう2つの系統に分かれていました。1つが鳥盤類です。これは腰の骨、恥骨が後ろに伸びるのが特徴です。

　もう1つのグループ、竜盤類は前足の外側の指、つまり手の小指や薬指が顕著に小さくなるといった特徴がみられます。さらに竜盤類には竜脚形類と獣脚類という2つのグループがありました。竜脚形類は小さい頭と長い首が特徴的な植物食の恐竜です。これにはプラテオサウルスやアパトサウルスなどがいました。獣脚類にはナイフ状の歯をもった肉食獣アロサウルスやティラノサウルスなどがいましたが、雑食や植物食のものもいました。鳥は飛行に特化した獣脚類で、最初の出現はジュラ紀です。白亜紀の終わりに大量絶滅が起こり、多くの爬虫類が死に絶えましたが、鳥は大量絶滅を生き延び、新生代でも繁栄しています。

[1] 指導者＝アルコーン　$\alpha\rho\chi\omega\nu$　（ギリシャ語）
[2] トカゲ＝サウロス　$\sigma\alpha\upsilon\rho\sigma\sigma$　（ギリシャ語）

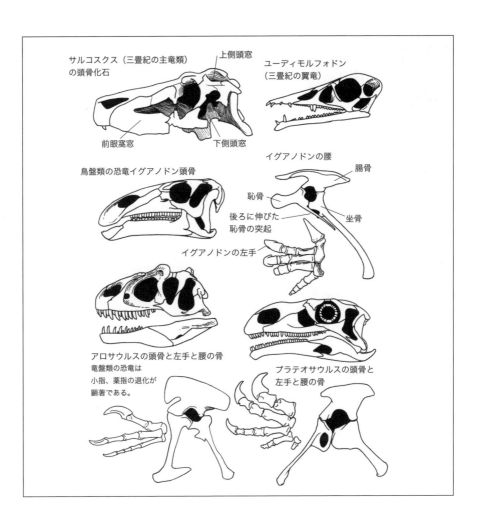

2.13 植物

　植物とは、古典的には動物と違い、物を食べず動かない生き物のことであったり、光合成をする生物のことであったりしました。このうち化石として多いのは、すでに説明したストロマトライトと、石灰藻、そして陸上植物です。ここでは基本的に陸上植物を取りあげます。

　陸上植物は緑藻から進化しましたが、浮力のない地上で生活するために丈夫な組織をもつようになりました。それゆえ、化石として比較的みつかりやすいものです。また、陸上で分布を広げるのに有効な、頑丈な膜に包まれた胞子をもつようになりました。これは乾燥に強く、大気中を遠くまで移動して、子孫を残します。このため胞子は化石として残りやすいのです。

2.13.1 陸上植物は性のある世代とない世代を繰り返す

　植物は私たちと違って、性のある世代（有性世代）と性のない世代（無性世代）を交代で繰り返します。まず身近で一番原始的な陸上植物の1つであるゼニゴケで説明しましょう。

　ゼニゴケは地上を這う平べったい体をしていますが、この体のほぼ全部が有性世代です。時々、傘のようなものが上に伸びていますが、これは精子と卵子をつくる器官で、それぞれ形が少し違います。卵子をつくる器官は破れ傘のような形の下にぶら下がっています。これは造卵器とよびます。一方、破れていない傘もあります。こちらには精子をつくる造精器ができます。

　さて、雨などの水がかかると造精器の精子は泳ぎ出て、ゼニゴケを濡らす水の中を移動し、造卵器の卵子にたどり着いて受精します。受精卵は成長して黄色い袋状になりますが、これが無性世代の体です。この体がつくる袋から胞子がまき散らされます。そして胞子から平べったいゼニゴケが再び生えてきます。

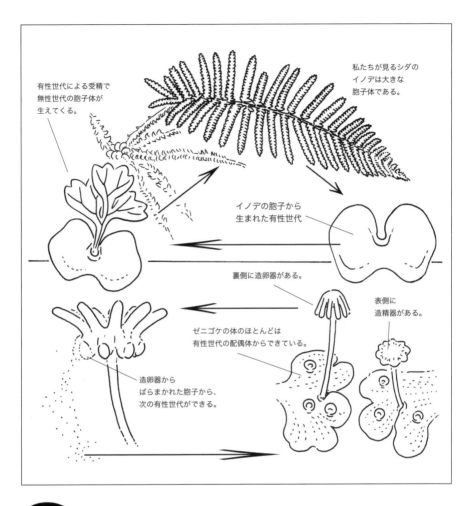

2.13.2 シダでは無性世代が圧倒的に大きい

　一方、シダになると、ゼニゴケと反対に、無性世代が圧倒的に大きくなります。日本の森に生えるイノデが飛ばした胞子からはコケと同じように有性世代ができます。しかしそれは大きさ1センチにも満たない、緑の膜でしかありません。これが精子と卵子をつくり、その受精卵が無性世代、つまり私たちがシダとよぶ体になります。これがまた胞子を飛ばします。

　このように植物は私たちとまるで違う生活様式をもつため、馴染みのない専門用語が多くあります。たとえば胞子をつくる無性世代は日本語で胞

子体とよびます。文字通り、胞子をつくる体、という意味です。

一方、胞子から発芽して成長する有性世代を配偶体とよびます。配偶とは結婚を意味します。精子と卵子はまとめて配偶子とよばれますし、その配偶子をつくるから配偶体です。

2.13.3 維管束をもつ植物

体がみつかっている陸上植物としてはクックソニアが一番古い事例で、シルル紀の中頃から知られています。この化石は胞子を詰めた袋、胞子嚢をもつので胞子体なのでしょう。配偶体はまだよくわかっていません。ただ、少なくともクックソニアの化石の1つには維管束が残っていました。これはパイプのように伸びた細胞が束になってできた器官で、体の中で水を運ぶ器官です。維管束はコケにはなく、シダや裸子植物、被子植物でみられるものです。維管束をもつ植物はいずれも胞子体が巨大ですから、クックソニアも胞子体が巨大で配偶体が小さいのかもしれませんが、このあたりはまだ謎だらけです。

そしてクックソニアは茎が二分岐するだけでした。初期の陸上植物はたいていこういう構造で葉が見当たりません。クックソニアとよばれている化石も、見た目が似ているだけで異なる種類の植物が混ざっている可能性があります。

2.13.4 葉の起源は2つある

初期の陸上植物には葉がありませんでした。葉がどのようにできたのか、それを説明する仮説が2つあります。1つはテロム仮説（Telome theory）というものです。Telomとはギリシャ語で「遠く」の意味で、クックソニアのような、二分岐する体をつくる軸のような単位をさす用語です。テロム仮説はこうした二分岐の軸がお互いに融合して葉ができたと説明します。

もう1つが突起説です。こちらは植物の表面に突き出た突起がそのまま発達して葉になったと考えるものです。

テロム説と突起説は対立する一方で、それぞれ正しいようです。まず、現在のシダ、イノデの葉には分岐した脈が走っています。これは根から伸びる維管束の延長です。このような葉は大葉とよばれますが、大葉はテロ

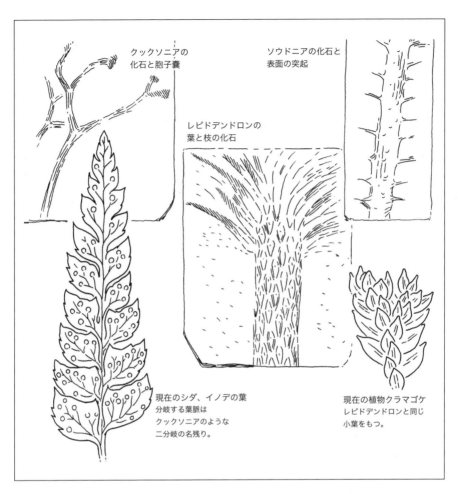

クックソニアの化石と胞子嚢

ソウドニアの化石と表面の突起

レピドデンドロンの葉と枝の化石

現在のシダ、イノデの葉
分岐する葉脈はクックソニアのような二分岐の名残り。

現在の植物クラマゴケ
レピドデンドロンと同じ小葉をもつ。

　ム説が想定するようにしてできたようです。分岐したテロムが融合すれば、内部の維管束は複数の脈になって残るでしょう。イノデや裸子植物、被子植物、さらにはスギナの葉も大葉だと考えられています。

　もう1つの葉が小葉です。小葉は現在ではヒカゲノカズラなどがもつもので、脈は中央に1本走るのみです。デボン紀前期、ライニーチャートからみつかったソウドニアは、胞子嚢のつくりから考えてヒカゲノカズラに近縁でした。さらに茎には細かな突起が生えていました。これが小葉の始まりだといわれます。つまり小葉は突起説が想定したようにしてできた葉ということです。石炭紀に栄えた巨大なシギラリアやレピドデンドロンも

この仲間でした。葉自体は大きいのですが、細長く、つくりは小葉でした。

2.13.5 精子が泳ぐ以上、受精には水が必要である

シダと違って松やアサガオは種子から生えます。こうした種子をもつ植物の進化はすこし込みいっています。

有性世代である配偶体は精子と卵をつくります。卵は動けないので、受精するには精子が泳がねばなりません。そして精子が泳ぐためには水が必要です。配偶体を主体にしているコケが湿った場所に生えるのはこのためです。

シダは無性世代である胞子体が主体ですが、胞子からできる配偶体はやはり水がなければ受精できません。シダが湿った場所を好むのもこのためです。乾燥にかなり強いシダもいますが、それもあくまで胞子体の話。配偶体が水を必要とする以上、世代交代を重ねるには湿った場所を離れることはできません。

しかし、胞子体から胞子が離れることなく、そのまま成長するものが現れました。これなら、親である胞子体から水分が供給されるので、周囲が乾いていても、精子は泳ぐことができます。

2.13.6 花粉と種子の起源

さらにこうした配偶体は"卵だけをつくる配偶体"と"精子だけをつくる配偶体"に専門化しました。卵をつくる配偶体は親である胞子体にくっついたまま、親の湿った組織の中で保護されます。一方、精子をつくる配偶体は非常に小さくなりました。水が必要なのはあくまでも精子です。ですから、配偶体自体を胞子の壁の中につくれば乾燥に強くすることは可能です。小さな配偶体は胞子のように風に乗って飛び、親に保護されている卵専門の配偶体にまでやってきます。

これが花粉です。つまり花粉とは、精子を専門につくる小型化した配偶体のことなのです。反対に胞子体に保護された卵専門の配偶体を胚のうとよびます。ただし、胚のう自体は、胞子体である親植物の組織がつくる胚珠の中に収まっています。

花粉は胚珠にたどり着いて、そこで初めて精子を放出します。親の組織に守られ、水分が供給されていますから後は問題ありません。原始的な段

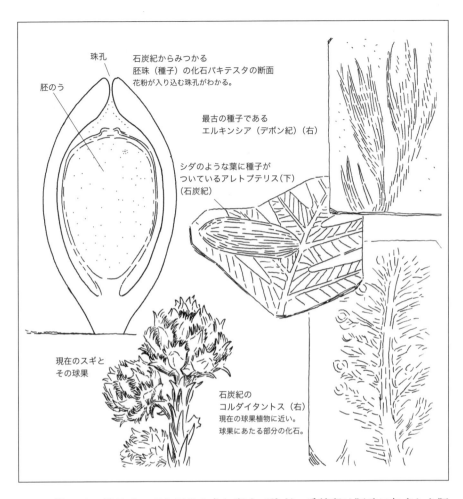

階では、精子はシダと同じように卵まで泳ぎ、受精卵は胚珠に包まれた胚のうを栄養としてある程度育ち、時期がくると胚珠ごとポロッと取れて独立します。これが種子です。初期の種子はデボン紀後期の地層からみつかっています。種子をつける陸上植物を種子植物とよびます。種子植物は、乾燥した環境でも受精できるので、陸上でおおいに分布を広げるようになりました。

2.13.7 種子をつける最初の植物は裸子植物

種子植物の胚珠には花粉を取り込む開口部（珠孔）がありました。珠孔

が開いたままの種子植物を裸子植物とよびます。つまり"裸の種子"という意味で、すなわち胚珠が裸であるということです。現在の裸子植物には、イチョウ、ソテツ、球果植物（針葉樹）を含め、4つの仲間があります。

さて、胚珠の中身は本来、配偶体であり、それは胞子から成長したものです。そして胞子は葉についた胞子嚢でつくられるものです。このため、胚珠は葉と何かしら関係をもった器官になりました。たとえば大事な胚珠と、それを守る葉っぱや枝がいくつも螺旋状に重なると松ぼっくりになります。イチョウやソテツ、化石でしか知られていない裸子植物には、松ぼっくりとは別のつくりをした繁殖器官があります。イチョウとソテツは精子で受精する植物です。

最初の種子植物はすべて裸子植物でした。裸子植物はデボン紀に出現し、白亜紀の終わりまでおおいに栄えました。新生代に入ると衰退しましたが、マツやスギ、イチョウ、ソテツなど今でもさまざまなものがいます。かつてはもっといろいろなものがいましたが、その中のどれかから被子植物が進化しました。

2.13.8 被子植物は雌性配偶体がさらに包まれている

被子植物はアンギオスパーム（Angiosperms）といいます。これはギリシャ語で"[1]容器に入った[2]種子"という意味です。胚珠とは卵専門の配偶体が親植物の組織で包まれたものでした。被子植物ではこれがさらに、別の組織によって包まれています。この組織は子房といいます。被子植物の花は雌しべの周りを雄しべが囲む構造になっています。雌しべを見ると、その付け根がやや膨らんでいることがわかるでしょう。ここが子房です。裸子植物と違って花粉はもはや珠孔に直接入れません。受精は雌しべにたどり着いた花粉が、子房の中にある胚珠の珠孔まで花粉管を伸ばすことで行われます。

胚珠を包む子房がもともと何であったのかについては議論があります。どうやら左右から胚珠を包み込んでいるので、子房のもとは葉だったのかもしれません。ペルム紀に栄えた裸子植物グロッソプテリスは葉の表面に胚珠をもっていたので、この仲間から被子植物が誕生した可能性も指摘されていますが、実際のところ祖先はまだ不明です。被子植物は少なくとも白亜紀初期に現れました。白亜紀後期になると数を増やし、新生代に入る

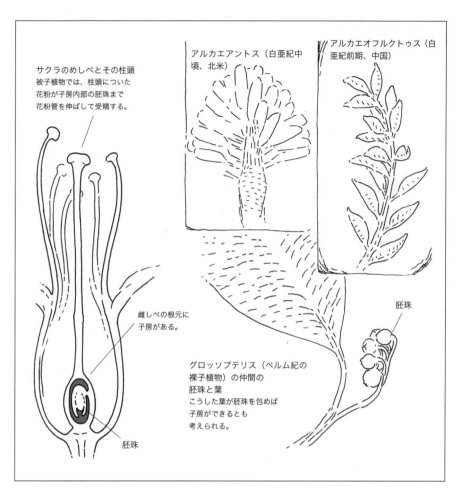

と陸上植物の種のほとんどを占めるようになります。

[1] 容器＝アンゲイオン　αγγειον（ギリシャ語）
[2] 精子、種子をまく＝スペルマ　σπερμα（ギリシャ語）

3.1 古生物の復元

3.1.1 化石は古生物そのものではない

　化石はさまざまな変質をこうむっています。つまり化石は古生物そのものではありません。古生物は、化石を手がかりに推論し、再現するものなのです。

　18世紀フランスの研究者キュビエ男爵は次のように述べています。二枚貝は殻全体をみつけることができる。魚も体全体の骨が残っている。しかし哺乳類の化石はほとんどの場合、骨のかけらや歯だけで、よくわからず、これまでの人はこれらの化石をかなりいい加減に扱ってきた、と。

3.1.2 肉食動物、植物食動物の体の特徴

　この状況を変えたのがキュビエ男爵です。彼は、動物の体をつくるそれぞれの器官はお互いに関連し合って動作することに注目しました。男爵は、"新鮮な肉を消化することに適した内臓"が存在するとしたら、その動物の顎は獲物に噛みつき、押さえ込むようにできていなければならないと述べました。当然、歯は肉を切り刻まなければならないので刃をもつ必要があります。ネコの奥歯などがそういうものです。

　獲物を押さえることに使う前足には可動性がなければなりません。手も爪も獲物を押さえる形となる。獲物をみつける感覚器官や脳のあり方、習性や本能に至るまで、そのすべてが関連した機能をもつようになるはずだ、と男爵はそう指摘しました。

　キュビエ男爵の指摘はたいへん画期的なものでした。たとえば植物を食べる動物なら、歯は植物をすりつぶす臼のようでなければなりません。ウシやウマの歯を見ると、表面に複雑なうねがあります。これは臼の表面にある溝やでっぱりと同じ役割を果たします。顎の動作も同様です。植物を噛みつぶすために、ウシやウマの顎は上下だけでなく、水平にも動かなければいけません。

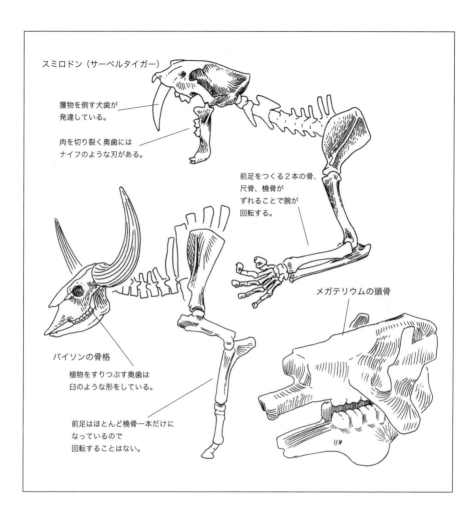

そして植物を食べる動物の前足は、ネコのように回転しません。高速で走っても足があらぬ方向へねじれることがない構造です。体のすべてが植物を食べること、そして肉食動物から走って逃げるようにできています。

3.1.3 比較解剖学

　キュビエ男爵は以上のような理解があれば、みつかった化石が何の骨なのか、どこの骨なのか、骨のもち主がどんな生活をしていたのか、それを推論できることに気がつきました。それに必要なのは、化石と比べるべき

現在の動物の骨でした。実際、以上で述べた知見は現在の生物から得たものです。

こうして誕生した学問が、比較解剖学(Comparative anatomy)です。キュビエ男爵は現在のいろいろな動物の骨を博物館に集めて、比較と研究を進めていきました。そして南アメリカから発見された巨大な動物の骨が、現在のナマケモノに近い絶滅種であることを突き止め、メガテリウムという学名を与えています。

3.1.4 乳頭状の歯

歯は食物を直接処理する器官ですから、非常に頑丈で、化石として残りやすい部分です。さらにその性質上、歯は動物が食べるものに応じた形をしています。つまり歯を見ればどんなものを食べていたのかわかります。それに歯はしばしば形が複雑で特徴的です。手がかりが多いわけですから、種類を識別することも容易です。これゆえ、古生物には、発見された歯に基づいて命名されたものが多くあります。なんとかドンというよび名が古生物の名前で多くみられますが、これはギリシャ語で[1]歯を意味するオドントスに由来するものです。

マストドン（現在の学名はマムート）もそのひとつです。マストドンの名前の意味はギリシャ語で"[2]乳頭の[3]歯"。これは歯に乳頭状の突起が並ぶ様子を表したよび名で、キュビエ男爵によって名付けられました。

[1] 歯＝オドントス（οδοντοσ）　　[2] 乳頭＝マストス（μαστοσ）
[3] 歯＝オドース（οδουσ）

3.1.5 マストドンは葉を食べた

マストドンは新世界でみつかったので、アメリカマストドンとよばれます。キュビエ男爵は、これはゾウの仲間であると判定しました。骨格の特徴が現在のゾウとほぼ同じものだったからです。一方、マストドンの歯はむしろカバを思わせるものでした。

草は歯を摩耗させやすい食べ物です。このため、草を食べる哺乳類の奥歯は非常に丈が高くなっています。一方、カバの奥歯はやや丈が高い程度です。そこから考えるとカバは草を食べるけど、草だけを食べているわけではないことがわかります。

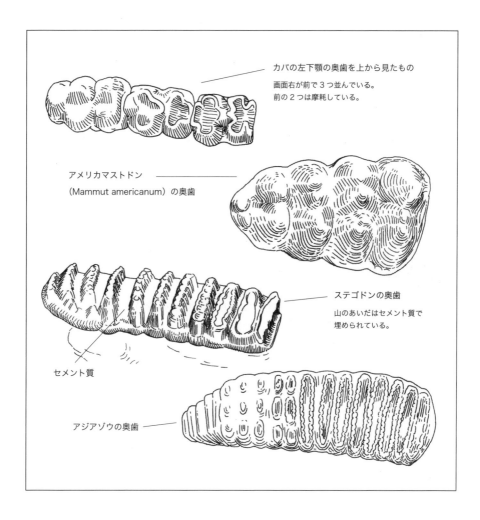

カバの左下顎の奥歯を上から見たもの
画面右が前で3つ並んでいる。
前の2つは摩耗している。

アメリカマストドン
(Mammut americanum) の奥歯

ステゴドンの奥歯
山のあいだはセメント質で
埋められている。

セメント質

アジアゾウの奥歯

　キュビエ男爵はカバのような歯をもつマストドンも主食は草ではなく、水辺の植物や樹木の葉であろうと推論しました。実際、アメリカマストドンの腹部から、針葉樹の葉っぱなどの化石がみつかった事例があります。

3.1.6 もっと摩耗に強い歯

　歯の構造がもっと現在のゾウに近いのがステゴドンです。学名の意味はギリシャ語で"[1]屋根の歯"。よび名の通り、乳頭状の突起がずらっと横に並ぶので、まるで三角屋根のようになっていました。さらにこの屋根が歯

の前後に並び、屋根と屋根の間（専門用語では valley：谷とよびます）は、一部がセメント質で埋められていました。現在のアジアゾウなどになると、歯の谷はすっかりセメント質で埋められて、屋根の先端だけが露出した状況です。

　エナメル質は歯のなかで一番固く、セメント質はそれよりも柔らかいものです。それゆえ、植物を噛んでいると、セメント質のほうがエナメル質よりも早く摩耗します。ですからどれだけ歯が磨り減っても、エナメル質の部分は周辺のセメント質からいつも少し突き出ている状態になります。つまり、ゾウの歯は石臼の刻み目状態をすり切れる最後まで維持できるわけです。ゾウは、葉だけでなく、草も食べて生活します。

---
[1] 屋根＝ステゴス（στεγοσ）

3.1.7 植物を食べる爬虫類

　複雑な歯を発達させた哺乳類に対し、爬虫類の歯はあまり複雑ではありません。しかし、全部がそうであったわけではありません。1820年頃、イギリスの医師であるマンテル博士は奇妙な歯をみつけました。意見を求められたキュビエ男爵は、化石の歯の縁にギザギザがあること、エナメル質が薄いことから、これは爬虫類の歯ではないかと答えました。確かに現在の爬虫類の歯には縁に小さなギザギザがあります。これはセレーション（Serration）というもので日本語では鋸歯です。鋸歯は肉を切ることに向いたものですが、この化石の歯は肉食に向いたものには見えませんでした。男爵は、これはまったく新しい、植物を食べる爬虫類の歯ではないかと述べました。

　これを受けてマンテル博士は博物館で動物の標本を調べ、この化石が現在のイグアナの歯とよく似ていることに気がつきます。イグアナは植物を食べる爬虫類です。こうしてこの化石にはイグアノドンという学名がつけられました。

3.1.8 哺乳類に匹敵する歯

　当時のイギリスには解剖学者オーウェン教授もいました。彼はキュビエ男爵と面識があり、イギリスの比較解剖学を発展させた立役者でもあります。オーウェン教授はイグアノドンの歯がたいへん摩耗していることを見

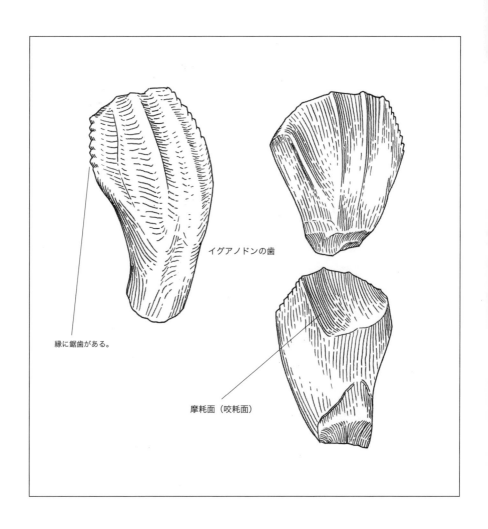

イグアノドンの歯
縁に鋸歯がある。
摩耗面（咬耗面）

て取りました。そうしてイグアノドンの歯は、かつてキュビエ男爵が命名した巨大哺乳類、メガテリウムの奥歯と似た役割を果たしたのだろうと述べています。

哺乳類と比較するとイグアノドンの歯はエナメル質が薄いものです。一方、メガテリウムは哺乳類でありながら歯にエナメル質をもちません。それでもメガテリウムは植物を咀嚼し、その巨体を維持していました。それを考えればイグアノドンも葉をすりつぶせたでしょうし、何の問題もなかったのでしょう。

3.1.9 奇妙なティラコレオ

　比較解剖学には、同じ仲間なのだから同じような性質をもつだろうという前提があります。しかしたとえば、現在の爬虫類は食物をほとんど歯ですりつぶさないのだから、イグアノドンもほとんど歯ですりつぶさない、と前提したらどうでしょうか？　これは前提としては強すぎますし、事実間違っているようです。

　以上を踏まえるとティラコレオに関する議論はより興味深いものになるでしょう。これはオーストラリアからみつかった化石で、更新世の末期までいた動物です。この化石を1859年に報告したのも、オーウェン教授でした。みつかった化石は頭骨や下顎で、ウォンバットやコアラに似ていました。ところが、ウォンバットやコアラなら植物をすりつぶすことに適した奥歯をもつはずなのに、ティラコレオにあるのは丈が高く、先端が刃のように鋭くなった大きな奥歯でした。そこでオーウェン教授はティラコレオを肉食動物だと考えました。

3.1.10 前提は絶対ではない

　教授の考えはほかの研究者から否定されてしまいます。なぜかというと、現在のウォンバットやコアラには肉食のものがいないからでした。しかし1980年代、ティラコレオの歯をあらためて調べた研究者は、これはやはり肉食動物であると結論しました。動物がものを食べると、歯の表面にはわずかに傷がつきます。そして、ティラコレオの歯に残っていた傷は肉食動物のそれだったのです。オーウェン教授の考えが正しかったのでした。

　肉食説を否定した根拠のひとつは、"ウォンバットやコアラの仲間であるのなら植物食に違いない"というものでした。これは立派な根拠ではあるのですが、結果的に間違っていました。多分、前提を強く設定しすぎたことが原因なのでしょう。

　比較解剖学で化石を解釈するとは、現在の仲間からするとこうなのだろう、ではそれを確かめてみよう、そういう仮説的なものだと考えるべきなのでしょう。

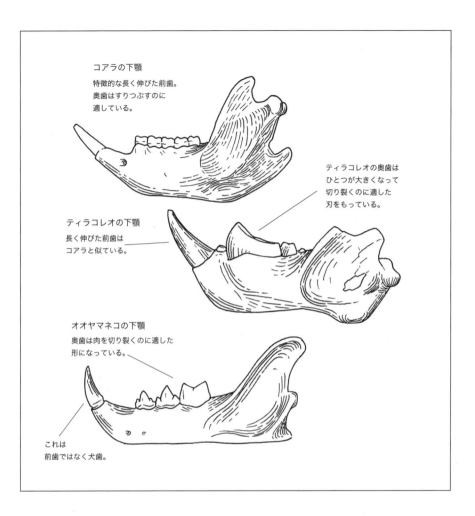

3.1.11 貝殻を記述する

　化石から得られる情報の多くは形です。しかし、形は複雑すぎたり、あるいは扱うための数学が非常に高度なものとなります。このため、歯や骨の形は文章で記述されることが多くなりますし、そのための用語がいろいろとあります。

　一方、貝殻はもっと規則正しい形をしているので、もう少し詳細に数学で説明できます。有名なものはアメリカの古生物学者ラウプが行ったシ

ミュレーションです。それは、殻口がどのくらい大きくなるのか、殻口が巻きの軸に対してどのくらい離れるのか、殻口が巻きの平面からどのくらい離れるのか、その程度によって貝殻の形がどう変化するのかを再現したものです。

殻口が急激に大きくなると貝殻は傘のような形になります。カサガイや二枚貝、腕足動物がこれに該当します。

軸に対して離れていく程度が大きいと巻きがゆるくなりますし、程度が小さいと巻きがきつくなります。

殻口が巻きの平面から外れない場合、できあがる貝殻の形は同一の平面でぐるぐると巻く平巻きになります。これはほとんどのアンモナイトが該当します。

反対に、巻くにしたがって殻口が平面から外れていくと、できる貝殻はカタツムリの殻のようになり、外れていく程度が大きくなればなるほどサザエのように、殻は丈が高くなります。

3.1.12 ニッポニテスの再現

とはいえ、生物が、自分の軸はここにある、そう認識して貝殻をつくっていくとは思えません。また、ラウプのシミュレーションでも再現できない貝殻がありました。たとえば異常巻きアンモナイトであるニッポニテスがそうです。

これに対して、日本の岡本博士は、貝殻をチューブと考えて、それが、どのくらい伸びるのか、どのくらい太くなるのか、どのくらい曲がるのか、どのくらいよじれるのか、そう設定してシミュレーションしてみました。この場合、生物は殻口に新しい殻を付け足せばよいだけの単純作業です。しかし、どう付け足すのか、このわずかな違いが累積すると貝殻の形が劇的に変わります。そしてシミュレーションしたところすべての貝殻を再現することに成功しました。

ニッポニテスの貝殻も再現できましたが、興味深いことに、ある条件を設定した場合に再現できるのです。それは、水中で浮かんでいるとき、アンモナイトが自分の姿勢を一定に保とうとすること、さらに殻の付け足しに平巻き、右巻き、左巻きの選択肢があると設定した場合でした。つまり、ニッポニテスは体の姿勢と向きを一定にしようとした結果、あのような奇

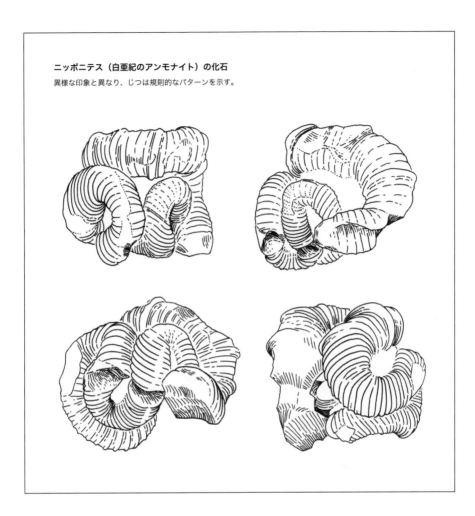

ニッポニテス（白亜紀のアンモナイト）の化石
異様な印象と異なり、じつは規則的なパターンを示す。

妙きてれつな貝殻をつくりあげたのでしょう。

　このように、化石から古生物を復元する手法には、いろいろなやり方があります。

3.2 分類学

3.2.1 分類学はリンネから始まる

　生物を分類する学問、つまり生物分類学は 18 世紀、スウェーデンの博物学者リンネ（Linne、ラテン語ではリンネウス　Linnaeus）から始まりました。彼の業績のひとつは生物の学名と、その命名の仕方を確立したことです。学名とは科学の世界で使われる生物の名称です。ネコは日本語ではネコであり、英語ではキャット（Cat）、ドイツ語ではカッツェ（Katze）というように、国や言語によってよび名がさまざまです。しかし学名は共通でフェリス・カトス（Felis catus）です。異なる言語を使う研究者どうしでも、学名を見れば何の生き物のことをさし示しているのか、お互いに理解できます。

3.2.2 ラテン語やギリシャ語の学名

　ほかの言語に由来する命名を行うこともできますが、学名とは元来、ラテン語、あるいはラテン語化されたギリシャ語でつくられていました。ネコの学名フェリス・カトスもラテン語です。フェリス（Felis）の部分はラテン語でネコの意味。カトス（catus）の部分は、これもラテン語で分別のあるという意味です。

　学名はギリシャ語が由来であることも多くあります。ただ、それはラテン語に変換する形で使用されます。たとえば白亜紀末期の北アメリカにいた肉食恐竜ティラノサウルス・レックス（Tyrannosaurus rex）を見てみましょう。まずティラノサウルスの部分を見ると、これはギリシャ語で暴君を意味するティランノスと、トカゲを意味するサウラを組み合わせたものです。

　ギリシャ語では複数の単語を組み合わせるときは原則的に、間に o（オミクロン）を入れます。これをラテン語のアルファベットに書き直すのでティラノサウルス（Tyrannosaurus）となります。ちなみに、名前の終わ

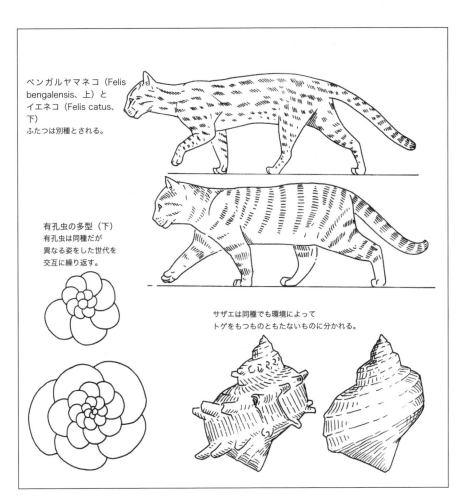

ベンガルヤマネコ（Felis bengalensis、上）とイエネコ（Felis catus、下）
ふたつは別種とされる。

有孔虫の多型（下）
有孔虫は同種だが異なる姿をした世代を交互に繰り返す。

サザエは同種でも環境によってトゲをもつものともたないものに分かれる。

りがラテン語化されているために、サウラがサウルスになっています。rex はラテン語で、王の意味です。

3.2.3 二命名法

　ネコのフェリス・カトス（Felis catus）も、ティラノサウルス・レックス（Tyrannosaurusu rex）も、前後2つの部分からできています。これもリンネの業績のひとつで、二命名法といいます。学名を名字と名前からつくる仕組みだと思えばよいでしょうか。たとえばネコの仲間にはアジアにすむベンガルヤマネコがいますが、この動物の学名はフェリス・ベンガ

ルエンシス (Felis bengalensis) です。名字に該当するフェリス (Felis) は同じですが、名前に該当する部分がネコと違っていることがわかるでしょう。名字に当たる部分を属名 (genus：ジーナス)、名前に当たる部分を種名 (species：スピシーズ) とよびます。

一方、「これは別々の属に分けるべきであろうか、あるいは同じ属としてまとめるべきであろうか？」という問題も起こります。トリケラトプスは非常に有名な恐竜ですが、ほぼ同じ時代の地層から出るトロサウルスというものもあります。

これらの化石は体の特徴では区別できず、唯一、頭部の後ろにある骨の張り出しで分けることができました。ところが産出する化石を詳しく調べると、形が連続していて区別のしようがないことがわかってきました。区別できないのなら、トリケラトプスとトロサウルスは同じ属にまとめざるをえないということになるでしょう。

3.2.4 遺伝子をやり取りしている集団を種とする

一方、区別できれば何でも別種だというわけではありません。区別できることが種であるのなら、人間は一人一人全員別種だということになります。自然界に存在する生物のまとまりは、多くの場合、交配することで遺伝子をやり取りしています。私たちが種とよぶものも、多くの場合、こういうものです。

生物の特徴は遺伝子が司っています。その遺伝子を交配でやり取りしあっている集合であれば、当然、共通の遺伝子をもちます。だとすると同種の生物は共通の特徴をもつことになるでしょう。反対に、交配していない別種の生物とは違う特徴をもつことになります。

種の特徴とは何でしょうか？　ネコと人間はどちらも眼をもっています。でもネコと人間は遺伝子をやり取りしている同種だといい出す人はいません。化石を見た場合、どの特徴を種の手がかりとするのかは、現在の生物との比較から見極める必要があります。

3.2.5 雌雄を別種にしていた例

たとえばモロプスという絶滅哺乳類には2種類いると考えられてきました。しかし、みつかった骨格の長さを測って調べると、成長にしたがって

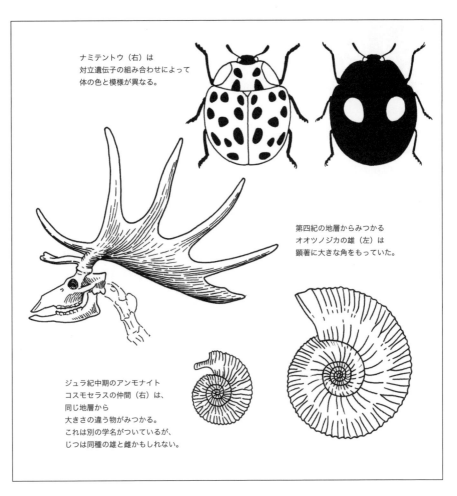

ナミテントウ（右）は
対立遺伝子の組み合わせによって
体の色と模様が異なる。

第四紀の地層からみつかる
オオツノジカの雄（左）は
顕著に大きな角をもっていた。

ジュラ紀中期のアンモナイト
コスモセラスの仲間（右）は、
同じ地層から
大きさの違う物がみつかる。
これは別の学名がついているが、
じつは同種の雄と雌かもしれない。

　大きさが分かれることがわかりました。おそらくモロプスは1種類だけで、大きさの違う別種とされたものは雄と雌だったのでしょう。

　これと似たことはアンモナイトでもあります。ジュラ紀中頃の地層からみつかるアンモナイト、コスモセラス（Kosmoceras）には、貝殻が小さく殻口に細長い突起が伸びるものと、貝殻が大きく突起がないものとがあります。よく調べてみると、両者の大きさの違いは、巻きが多いか少ないかの違いでした。コスモセラス属の大きな種と小さな種は、じつは雌と雄の違いだと考えられています。

3.3 系統学

3.3.1 属より大きな階級

　現在の地球には300万を超える生物種が生息しています。リンネは、これらの種を類縁関係に基づき分類し、整理体系化するための方法として、ヒエラルキー分類体系を提唱しました。この方法に従って組み立てられた体系の配列を階級、つまりヒエラルキーとよびます。そして、配列上の各階層が分類階級となります。リンネが1758年に提唱した分類体系は、その後やや変更されましたが、現在では大きいものから順に、界、門、綱、目、科、属、種の7つの階級からなります。種は分類階級の最小単位で、その学名は属名と種小名から成り立ちます。

　たとえば別種だけれども同じ属なのが、ネコとベンガルヤマネコです。ライオンもネコに近縁の仲間ですが、ネコとは大きさや性質がかなり違います。そこでライオンはネコやベンガルヤマネコとは別属の扱いとなります。

　しかし、ネコもベンガルヤマネコもライオンも、おおまかにいえばネコの仲間でしょう。少なくともイヌと比べると近い仲間どうしであることは確かです。ですから、ネコ、ベンガルヤマネコ、ライオンなどは一括してネコ科に含められています。一方、イヌはイヌ科に属します。そしてネコ科やイヌ科をまとめたものは食肉目となります。

　このように、種どうしの近い遠いというありようを、その程度に従って分けていくときに使うものが、種より上の分類階層です。そして、分類階級によってまとめられた具体的な生物の集まりをタクソン（複数形ではタクサ）とよびます。日本語では分類群で、たとえば、ネコ、ネコ科、食肉目のいずれも、タクソンです。

　しかしリンネ（1758）以降、生物を分類するためにはもっと多くの分類階級が必要になってきました。このため、上記の7つの階級のほかに、副次的な階級がいくつも付け加えられています。たとえば科より大きいが目

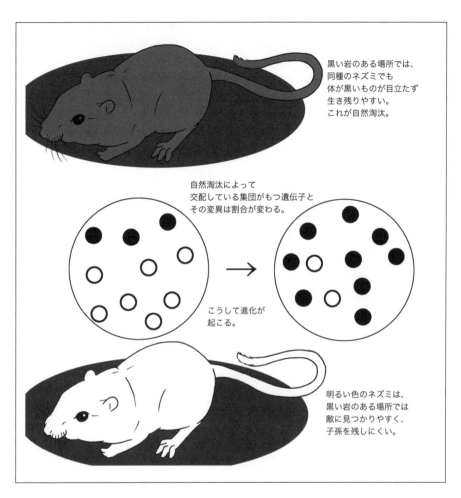

より小さい上科。反対に、科よりも小さいが属より大きい亜科などです。

3.3.2 分類は系統を反映したものである

　生物に近い遠いという類縁関係があるのはわかりますが、これは一体何でしょうか？　分類階級をつくったリンネは18世紀の人です。当時、ヨーロッパでは、生物は神がつくったものだと考えられていました。ですから生物の近い遠いとは、神の設計の反映だと解釈されました。生物分類学とは、いわば神の設計思想を明らかにする学問だったのです。

　これが変わったのはダーウィンが1859年に刊行した『種の起源』の中で、

進化論を提唱したときです。ダーウィンは、生物が進化することを論証し、生物の類縁関係とは血縁関係の近い遠い、つまり系統関係であることを示しました。

3.3.3 自然淘汰

ダーウィンは進化の機構も明らかにしました。それは自然淘汰というものです。生物の特徴は遺伝します。そして特徴には変異があります。ある変異は体を黒くし、別の変異は体を白くするとしましょう。たとえば黒い岩石が多い場所では、黒いネズミが白より目立たずに生き残りやすくなります。これが自然淘汰です。こうして黒い変異は数を増やし、白い変異は数を減らすことになります。ネズミの色も変わります。

ダーウィンの時代には特徴を司る遺伝子そのものはみつかっていませんでした。遺伝子が発見された現在では、これは遺伝子の変異の頻度変化であることがわかっています。たとえば、黒い変異を司る遺伝子は交配している集団の中で20%だったが、自然淘汰の作用で98%になった、ということです。変異の頻度変化は後述するように偶然に、確率的に起こることもあります（→中立説）。

3.3.4 系統は分岐する

さらに研究者は、過去に起きた進化の過程を再現する方法も手に入れました。この方法を理解するには系統がどのように生まれるのか把握しないといけません。

まず第一に、生物の系統は分岐します。分岐する原因の多くは地理的な隔離のようです。同じ場所にいる同種の生物集団は、交配することによって同じ変異を共有しています。しかしたとえば、大陸から離れ小島にネズミが流れ着けば、その島のネズミは大陸の仲間と交配することができません。狭い場所に隔離された集団はもとの集団に比べて個体数も小さいため、集団に生じた突然変異は自然淘汰と無関係に偶然の働きで、比較的少ない世代数で集団中に広まることがあると考えられます。これを遺伝的浮動とよび、地理的隔離による種分化の主な要因と考えられます。大陸から遠く離れたガラパゴス諸島や小笠原諸島で、大陸に起源をもつ動物がそこで多様な固有種に分化したのは、そのためです。

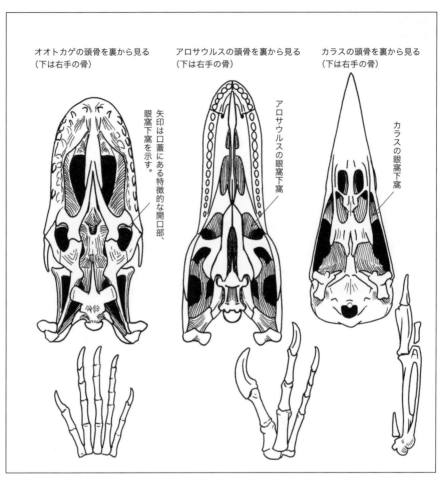

オオトカゲの頭骨を裏から見る（下は右手の骨）　アロサウルスの頭骨を裏から見る（下は右手の骨）　カラスの頭骨を裏から見る（下は右手の骨）

矢印は口蓋にある特徴的な開口部、眼窩下窩を示す。

アロサウルスの眼窩下窩

カラスの眼窩下窩

　島のネズミが嵐で流され、祖先の故郷である大陸に戻ってきても、遺伝子の違いのためにもはや大陸の仲間とは交配して子孫を残せません。系統の分岐はこうして、つぎつぎに起こります

　そして第二に、特徴は遺伝します。たとえば進化の過程で特徴Ａをもつ動物が進化したとします。特徴Ａはその子孫に受け継がれるでしょう。このように、系統は分岐してさまざまに異なるものが現れますが、いずれの子孫も遺伝によって特徴Ａを受け継ぐでしょう。つまり、特徴Ａという共通点に注目すれば、生物どうしの血縁関係や、系統が近いか遠いかを判断できます。

3.3.5 系統を再現する

　トカゲの頭骨と鳥の頭骨を逆さにして、口蓋を見てみましょう。真ん中に鼻の通り穴があり、そして左右には口蓋を支える骨が並んでいます。そこを見ると骨どうしのあいだに穴が開いていることがわかります。ちょうど眼の下にある穴なので、眼窩下窩とよびます。この穴は人間やネコ、つまり哺乳類の頭骨にはありません。つまり、眼窩下窩は爬虫類の祖先で生じたもので、それがそのまま子孫であるトカゲと鳥に受け継がれたと考えることができます。このことから、トカゲと鳥はかなり近い関係にあることが見て取れます。

　ここに肉食恐竜であるアロサウルスを加えてみましょう。アロサウルスの口蓋にも同じ穴がありますから、爬虫類であることがわかります。さらに前足を比べてみましょう。トカゲは5本指ですが、鳥とアロサウルスは3本指です。つまり鳥とアロサウルスは3本指という特徴を共通の先祖から受け継いだのでしょう。トカゲは爬虫類ですが、3本指という特徴が現れる前に系統が分かれたので、この特徴をもっていないのです。

　つまり鳥はアロサウルスに非常に近いことになります。研究が進むと、鳥は恐竜に近いどころか、恐竜そのものであることを示す化石がどんどんみつかりました。

3.3.6 現実と分類階級が整合しない

　しかし、これは化石を見てはじめてわかる話です。6500万年前、鳥以外の恐竜はまるごと滅びてしまいました。残されたトカゲと鳥を見ると、両者はあまりにも違っています。こういうこともあって、現生動物の研究から成立した伝統的な分類学（あるいは進化分類学）では、爬虫類と鳥を完全に分けて両者に"綱"の分類階級、すなわち鳥綱と爬虫綱を与えていました。ところが実際には、鳥は恐竜なのですから、爬虫綱の中の恐竜目に押し込む必要があります。目の中に綱を押し込む、これはいかにも無茶な話です。

3.3.7 分野によって違う階級に対する姿勢

　ここで対応が分かれました。鳥の研究者のほとんどは、現生の鳥を研究

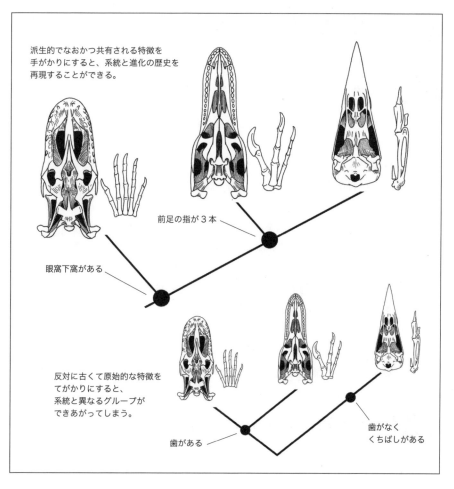

しています。鳥類学の世界では、相変わらず鳥は鳥綱であり、爬虫類とは別物として扱われ、分類階級ももとのまま使っています。

　一方、化石を扱う古生物学者はこういうわけにはいきません。アメリカの古生物学者ジャック・ゴーティエは分類階級を放棄してはどうだろうか、と提言しました。それは既存の分類階級の破綻に直面せざるをえなかったからでしょう。絶滅が起こると系統に隙間ができる。それに基づいて分類群をつくり、分類階級を割り当てる。しかし化石を調べると系統の隙間が埋まる。すると分類階級が壊れてしまう。化石を扱う古生物学は分類階級の破綻を証明する学問だともいえます。最近の恐竜の論文でもこの本でも、

分類階級を積極的に使わないのはじつはこのためです。分類階級は文献を読むときに登場する、資料の住所録のようなものと思っておいたほうが無難でしょう。

3.3.8 原始的な特徴は系統を切断する

人間にとって鳥と爬虫類はまったくの別物に見えますが、これは間違いでした。このことから人間の分類と認識は、ときとして生物の進化や系統を再現できないことがわかります。この原因は、人間は生物を分類するとき、古い特徴と新しい特徴をごちゃまぜにして判断することにあるようです。

たとえば私たちは、鳥を、"歯をもたずくちばしをもち、羽毛で体を覆っている動物"、と考えています。反対に爬虫類を分類するときには、歯をもち鱗で全身を覆っている動物、と考えているでしょう。

たとえば"くちばしをもつ"という特徴で鳥をまとめることに問題はありません。少なくとも現生の動物だけを見る限りはそうです。しかし、爬虫類を"歯をもちくちばしをもたない"という特徴でまとめると、トカゲ、アロサウルスと鳥の系統関係がちぎれて、別枠扱いになってしまいます。分類が現実から乖離してしまう問題は、どうやらここに潜んでいることがわかります。

3.3.9 系統を再現できるのは共有派生形質

系統の再現に成功した"鳥がくちばしをもつ"とは新しい特徴です。反対に系統を引きちぎってしまった、"歯をもち、くちばしをもたない"というのは古い特徴です。つまり、新しい特徴に基づいてグループをつくれば系統が再現できます。反対に、古い特徴でグループをつくると系統が引きちぎれて、再現できなくなるのです。

進化の過程で新しく出現した特徴を派生形質、あるいは新形質とよびます。たとえば、くちばしや羽毛は派生形質です。形質という言葉は特徴とほぼ同じと考えればよいでしょう。

反対に古い特徴を原始形質、あるいは旧形質とよびます。歯をもつことや羽毛をもたないことは、爬虫類の中では原始形質です。

系統を再現するときに使えるのは新しい特徴です。さらに、グループを

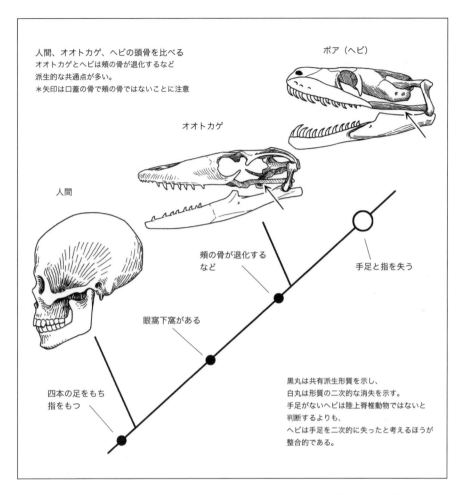

つくるのですから、そのグループが共有し、共通の祖先に一度だけ生じた進化的変化である派生形質を使わないと意味がありません。共有されるものですから、系統の再現に使える新しい特徴のことを共有派生形質とよびます。そして、共有派生形質を取り出して系統を再現すること。これを分岐学とよびます。

3.3.10 分岐図を描く

　生物の系統を探る方法論には、近隣結合法や最尤法などがあります。しかし、これらはいずれも遺伝子しか扱えません。遺伝子だけでなく、形を

データとして扱うことができるのは分岐学だけです。さらに古生物学で扱う化石では、ほとんどの場合、使えるデータは形だけです。それゆえ古生物学では分岐学が使用されることになりました。

分岐学は共有派生形質を用いて、系統の様子をグラフに描く学問だともいえます。系統は分岐していますから、それを描くグラフもまた分岐状です。このようなグラフを分岐図とよびます。

分岐図を描くにはまず共有派生形質をみつける必要があります。このとき、一番よく使われるのは外群比較というやりかたです。これは、系統関係を知りたい生物イ、ロ、ハがある場合、イ、ロ、ハ、ではない生物 A を比較に使うことで、生物イ、ロ、ハの共有派生形質をみつけるやりかたです。ちなみに、外群の中で集合（イ、ロ、ハ）にもっとも近縁なものを姉妹群とよびます。外群に対して内群という言葉もありますが、これは系統関係を知りたいグループのことを示す言葉です。この例でいえばイ、ロ、ハが内群となります。

3.3.11 矛盾する分岐図が描かれる場合

しかし、こうしてみつけた共有派生形質が相互に矛盾していることもあります。たとえばヘビは指のある足をもっていません。魚と外群比較したとき、陸上にすむ脊椎動物は指のある足という共有派生形質で束ねることができます。ところがヘビはここからもれてしまうのです。

しかし、ここでトカゲを加えて考えてみましょう。トカゲとヘビの頭骨には、ほかの陸上脊椎動物にはないたくさんの共有派生形質があります。これらを使うと、ヘビは陸上脊椎動物であり、トカゲに近いという分岐図が描かれることになるでしょう。

片方の分岐図ではヘビは陸上動物ではない、という結論が得られ、もう片方ではヘビはトカゲに近いという結論が得られる。このように相矛盾した分岐図が描かれたとき、分岐学の基準は、単純で証拠が多く整合性が高いほうを選びます。パズルの組み立て方が複数ある場合、絵柄の一致が多いほうを選ぶでしょう。それと同様、支持する共有派生形質の数が多い分岐図のほうを取ることになります。

こうした選択の基準を最節約とよびます。そして最節約の基準に従えば、ヘビはトカゲの仲間であるという分岐図が選ばれることになります。では

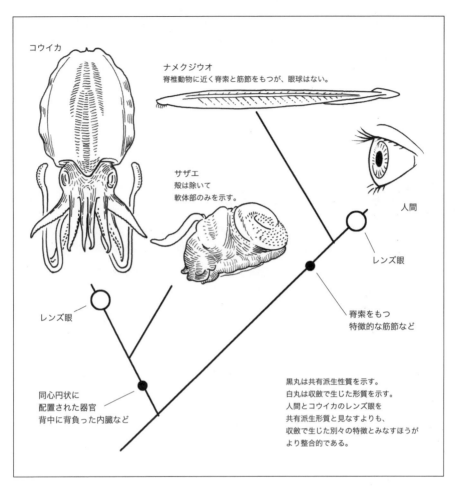

へビの手足はどうなってしまったのでしょうか？ 一番単純な解釈は二次的に失われたというものです。実際、白亜紀のヘビ、パキラキスのように、後ろ足や指の骨を残したヘビの化石もみつかっています。

3.3.12 収斂進化

特徴は失われるだけではありません。外見上、よく似た特徴が別々に進化するということもありえます。たとえばタコの眼球と人間の眼球はどちらも水晶体があり、構造がよく似ています。水晶体（レンズ）があるのでレンズ眼ともいいます。しかしタコと同じ軟体動物である巻貝の目は、もっ

と単純なつくりです。さらに、脊椎動物に近縁な頭索動物のナメクジウオには目がありません。最節約の基準を踏まえて考えると、タコの眼球と人間の眼球はまったくの別物で、別々に進化したのでしょう。こういう現象を収斂（しゅうれん）とよびます。

矛盾する分岐図を得ると、真実がないと絶望してしまう人もいますが、以上のように相矛盾する分岐図は収斂や特徴の消失の可能性を示します。むしろ矛盾の向こうには研究すべき謎が秘められていると考えるべきでしょう。

3.3.13 答えが収束しない事例

一方、矛盾する分岐図どうしが順列組み合わせのように出てきた場合、答えはひとつに定まりません。これは、外群比較したとき、共有派生形質Xによればイとロが、共有派生形質Yによればロとハが、Zによればハとイが束ねられるという場合です。

たとえばアンモナイトは節足動物や脊椎動物などと比べて特徴の数があまり多くありません。特徴の組み合わせ自体は無数にありますから、個々の種類は識別できます。そのかわり、組み合わせどうしが互いに矛盾する分岐図を描くので、答えが定まりません。アンモナイトの系統を知るには化石が産出する地層の上下関係などを加味して検討する場合があります。

3.3.14 分岐図と系統樹は違う

分岐図はいろいろな点で家系図や系統樹に似ています。しかし厳密にいうと同じものではありません。たとえば、アウストラロピテクスと比べると、2つの人間の頭蓋骨は共有派生形質によって1つに束ねられます。2つの頭蓋骨はいかにも兄弟のような関係に見えますが、2つを束ねているのは、頭蓋が大きいといった特徴でしかありません。2つの頭蓋骨が親子でも、あるいは兄弟でも、あるいは赤の他人であっても、どれも同じ分岐図になるでしょう。つまり分岐図はさまざまな可能性を示しているだけであることがわかります。

反対に家系図であれば、この人とこの人は親子である、と線でじかにつないでしまいます。これは系統樹も同様です。ここが分岐図と系統樹の違いです。系統樹はわかる以上のことまで語りすぎているといえます。慎重

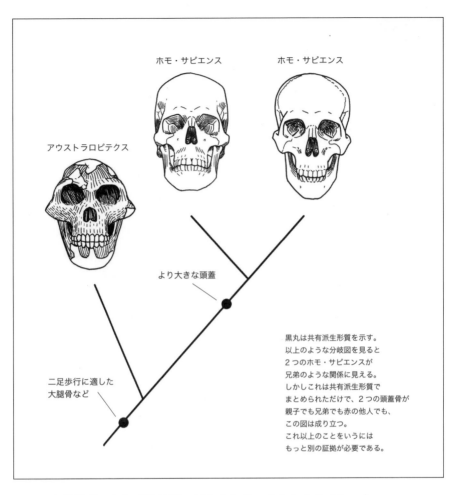

な科学者であれば分岐図のほうをこそ、よしとするでしょう。

このように分岐図は無味乾燥なグラフです。そしてグラフとはデータを説明する仮説として提案されたものです。仮説である以上、それは検証されなければなりません。たとえばその分岐図が正しいのかどうか、それは新しくみつけた化石を加えたり、あるいは分岐図作成に使用した形質の妥当性を検討したり、必要に応じて新しい形質を加えて再分析すればよいでしょう。分岐図は生物進化の仮説を検証する科学的な手続きの1つであり、化石は仮説の検証を可能にするデータであるといえます。

3.4 地層と化石の年代を知る

3.4.1 地層から時代を知る

　地層は時間とともに積み重なって堆積するので、後の地殻変動で逆転しない限り、下が古く、上が新しいことになります。この原理に気づいたのは17世紀の研究者ニコラス・ステノで、以後、地層累重の法則とよばれるようになりました。この法則を使えば、100万年前というような具体的な数字は出せませんが、地層の古い新しいを判定することができます。

　次に画期的な発見をしたのは、18世紀から19世紀初頭にかけて活躍した、イギリスのウィリアム・スミスです。この人は運河の掘削にたずさわる技師でした。スミスは遠く離れていても、似た外見や性質をもつ地層には同じ種類の化石が含まれていることに気がつきました。

　つまり化石を使えば離れた露頭の地層どうしが同じなのかがわかります。離れた露頭の地層が同じであれば、その露頭のあいだの地下にも同じ地層が広がっていると推論できるでしょう。これは土木工事を進めるうえでも、地下の地質を知るうえでも大きな発見でした。

3.4.2 化石から地層と時代を区分する

　のちになってスミスの発見は、「同じ種類の化石が含まれているのなら、それは同じ時代の地層であると考えてよいのではないか？」という具合に意味が拡張されました。つまり、化石が地層を知る目盛りになるわけです。この目盛となる化石をインデックス・フォッシルとよびます。インデックスとは目盛りの意味。日本語では示準化石、あるいは標準化石です。

　目盛りである以上、示準化石として使われるものは地層を細かく分けられるものが望ましいでしょう。つまり、種や属としての生存期間が短かったために地層中での垂直分布範囲が狭く、かつ鉱物質の硬組織（殻や骨格）をもつために地層中に保存されやすい生物の化石です。また、広く分布する種類が望ましいでしょう。さらに地層中での垂直分布を高い精度で決め

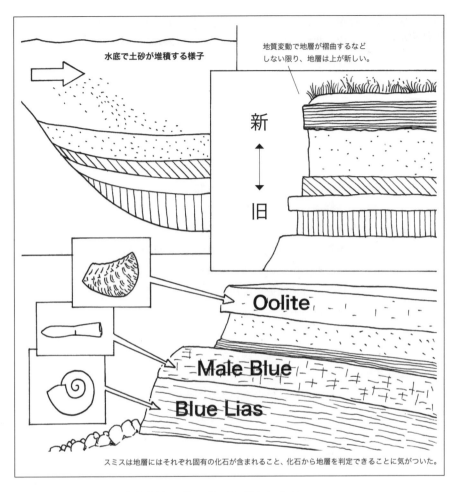

スミスは地層にはそれぞれ固有の化石が含まれること、化石から地層を判定できることに気がついた。

るためには、産出頻度の高い化石が望まれます。

こうした条件を備えているのは、たとえばアンモナイトでした。研究者はアンモナイトの種類を細かく識別し、それぞれのアンモナイトがみつかる地層を時代ごとに細かく区分するようになりました。これをゾーンとよびます。日本語では"化石帯"です。現在では、みつかるアンモナイトの種類によって、ジュラ紀の地層は70あまりの化石帯に細分化されています。地層を区別する学問を層序学、あるいは層位学といいます。そして化石で地層を区分する学問は、生層序学（生層位学）、あるいは化石層序学（化石層位学）とよぶようになりました。さらに上記のジュラ紀のように、生

層序学を利用して決めた地層の時代を相対年代といいます。このように、生物相の変化に基づいて相対年代、さらには時代区分が決められています。このため、ジュラ紀や中生代といった相対年代は、結果的に、大量絶滅のような生物相の入れ替わりに基づいて境界が決定されています。

3.4.3 絶対年代

19世紀の終わりになると、ウランが放射線を出して鉛になることがわかりました。ウランの崩壊は時間ごとに定まった割合で起こります。ですから鉱物に含まれるウランとその生成物である鉛の割合を調べれば、鉱物ができてから経過した時間がわかります。ちなみにここでいうウランは、正確にはウラン238、そしてできあがる鉛は鉛206（数値は質量数）です。ウラン238が鉛206に崩壊して、その量が最初の半分になるまで45億年かかります。この年数がいわゆる半減期です。

こうして私たちは地球史や生命史を明らかにするうえで基礎となる具体的な年代を推し量れるようになりました。放射線を出すウランのような元素を放射性元素とよびます。そして放射性元素を用いて算出された年代が放射年代です。ウランと鉛の割合から年代を知る方法はウラン・鉛法とよばれます。

放射年代の測定方法にはいろいろなものがあります。カリウム・アルゴン法は、放射性であるカリウム40の12パーセントがアルゴン40に変化する性質を使います。そうしてもとあったカリウム40の量を推定し、経過した時間を測る方法です。

ほかにもルビジウム87（半減期488億年）がストロンチウム87に変わることを使ったルビジウム・ストロンチウム法や、ウランからできるいく種類もの鉛の同位体とその割合から年代を知る鉛法などがあります。これらは何百万年、何千万年、あるいは数億年、10億年という時代を計測することに使われます。

3.4.4 鉱物が誕生したときに時計が始まる

しかし、放射年代ではあくまでも鉱物ができた年代しかわかりません。鉱物はもともと溶岩が冷えてできたものです。たとえばウラン・鉛法のことを考えてみましょう。溶岩の中には鉛もウランも含まれていますが、冷

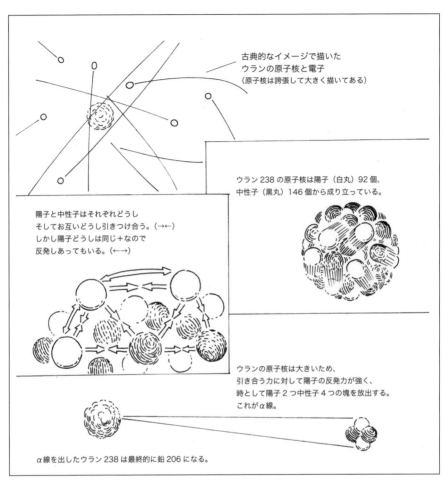

えてくると、それぞれの元素がそれぞれに結びついて結晶をつくっていきます。これが鉱物です。

　このとき、ウランは含んでいるが鉛を含まない鉱物ができたとしましょう。最初はウランしかありませんが、時代が経過するにしたがってウランからできた鉛が増えていきます。つまり溶岩から鉱物ができたときにウランの時計がスタートする、そう考えればよいでしょう。

　しかし、マグマが冷えて鉱物と岩石が生まれ、その岩石が砕かれて砂や泥になり、さらに堆積して地層になるまで長い時間がかかります。つまり、地層に含まれている鉱物ができた年代と、その鉱物が堆積して地層そのも

のが形成された年代は違っています。

3.4.5 地層に具体的な時間を当てはめる

地層と鉱物の年代が一致する場合もありますが、それは堆積岩の上に溶岩が流れてきたとか、火山が噴火して、吹き飛ばされた溶岩が火山灰となって降ってきた場合などです。こういう出来事はあまり起こりません。このため、地層の年代を具体的に調べることができる場所はごく限られています。

ですが、とびとびでもよいから放射年代がわかれば、それと相対年代とを合わせて考えることができます。つまり化石を含む地層に具体的な時間を当てはめることができます。たとえばジュラ紀の地層は、1964年になると11カ所の放射年代が報告されるまでになっていました。研究者はここからこう考えました。今、放射年代がわかったジュラ紀の地層の一番古い年代と、中頃の年代を比べると2700万年あまりの差がある。そしてその間にはアンモナイトに基づく化石帯が26個ある。2700万年を26で割れば、1つの化石帯は平均100万年の長さだろう。むろんこれは大雑把な推論ですが、極端にはずれているわけでもないでしょう。

3.4.6 岩石に残された磁気を測る

以上に加えて、古磁気も地層の年代を絞り込む重要な手がかりです。古磁気とは古い時代の地球の磁気が岩石や地層に残っているものをいいます。たとえば溶岩から鉱物が結晶して岩石ができるとき、磁力をもつ鉱物、磁鉄鉱は地球の磁場に沿った磁気をもつようになります。

あるいは堆積岩や堆積物にも古い磁気が残ります。岩石が砕かれると磁鉄鉱のような鉱物もばらばらになり、そうして水底に堆積するでしょう。積もったばかりの泥はまだ水などを大量に含んでいてふわふわしています。このとき、磁鉄鉱などが地球の磁場に沿って並びます。こうして岩石や地層に残された古磁気を調べると、地球の磁場は時代ごとに逆転することがわかりました。

3.4.7 地磁気の逆転の様子から時代を推し量る

方位磁石を取り出すとN極が北を向きます。そもそも北（North）を向

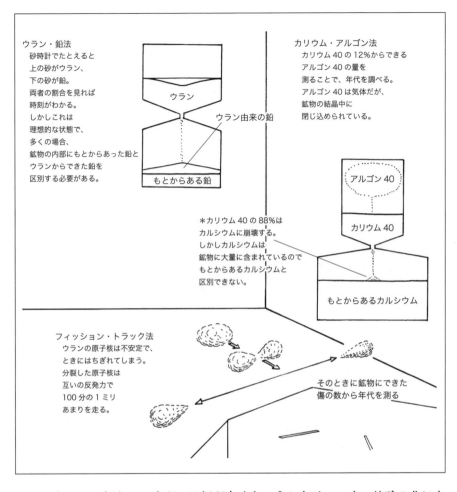

くのでN極なのですが、N極が向くということは、いま、地球の北にあるのはS極だということになります。このように、S極が北にある時代を正磁極期とよびます。反対に地球のN極が北にある時代を逆磁極期とよびます。こうして区別できる時代を、正逆いずれの場合も、磁極期とよびます。

それぞれの磁極期の長さは違うので、磁極期を白黒に塗り分けて表示すると、ちょうどバーコードのようになります。そしてこういう並びには個性があります。ですから調査している地層に残された古磁気の正逆がどのようなパターンで並んでいるのか、それを調べれば、その地層がどの磁極

期に該当するのかを判断できます。これは磁気を用いた層序学ですから、古磁気層序学（Magnetostratigraphy）とよばれます。

　放射年代がわかっている地層の磁極期を探れば、その磁極期のおおまかな年代がわかります。化石が含まれる地層の磁極期がその磁極期と一致すれば、その年代を当てはめることができます。さらに化石帯とつき合わせれば、年代がより絞り込めるでしょう。このように異なる年代測定法をつき合わせて、地層と化石の年代を特定することができます。

3.4.8 放射性炭素とフィッション・トラック法

　炭素14法というものもあります。放射性元素でもある、質量数が14の炭素14は、宇宙から地球に突入してくる高速度の粒子、宇宙線が地球大気と衝突することでつくられます。一方、半減期はわずか5700年しかありません。このため、この方法で測れる年代は3万年から5万年程度です。しかし更新世末から完新世の化石や氷河期の正確な編年を行うには重宝する方法です。

　炭素14は宇宙線によってつぎつぎにつくられていく一方で、半減期の短さゆえに、つぎつぎと減っていきます。ですからある一定量で平衡します。炭素は生物の体をつくる元素ですから、生物の体内にも炭素14は入ってきます。炭素14は体内でつぎつぎに壊れていきますが、新陳代謝によってつぎつぎに新しい炭素14が入ってきます。生きている限り、体内の炭素14の量は平衡状態です。しかし死ぬと新しい炭素14は入ってきません。つまり生物が死んだ時点から時計がスタートします。炭素14法は生物の遺骸とその年代を直接測定できます。

　フィッション・トラック法というものもあります。これは鉱物の中で核分裂したウランの軌跡で年代を測定するやり方です。ウランの原子核は陽子が多すぎて不安定です。そしてごくまれですがまっぷたつにちぎれて、さらに陽子どうしの反発力で鉱物の中を走り、傷跡を残します。鉱物を切って観察し、この軌跡の数を数えて年代を測るのがフィッション・トラック法です。軌跡の傷が多ければ多いほど年代が古くなりますし、この手法を用いると、数万年から数億年前までの幅広い時代を計測することができます。

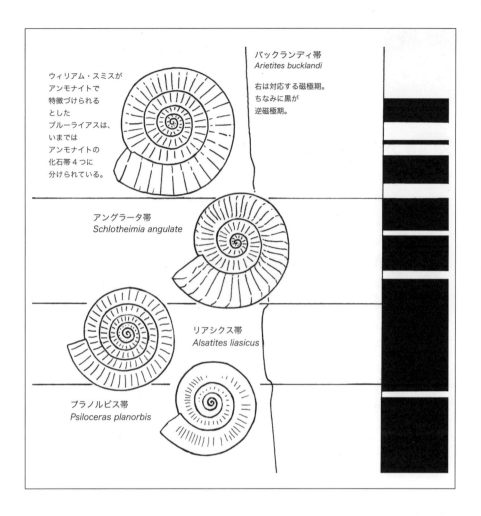

3.5 大陸の分裂・移動・衝突

3.5.1 カレドニアの隆起

　地球の大陸はごくゆっくりとですが移動します。大陸移動の結果、生物の地理的分布は変化し、生物の進化も影響を受けてきました。地球の歴史では何度か大きな山脈が形成されてきたことがわかっています。たとえばイギリス北部、スコットランドには浸食された低い山々が連なっていますが、これらは先カンブリア時代からシルル紀にかけて堆積した地層からできています。さらにこれらの山々と同じ地層からできた山地は北欧のスカンジナビア半島へと続き、さらにその延長には北米のアパラチア山脈があります。

　これらの地層には海の生物の化石が含まれています。このことは、地層が堆積したシルル紀当時、この地域には海が広がっていたことを示します。どうやら山脈の隆起はその前のオルドビス紀には始まっていたらしく、シルル紀の終わり頃には土地が高くなって水が引き、山脈ができました。

　山脈ができる過程をオロジェニーとよびます。これはギリシャ語で"山ができる"という意味です。日本語では造山とか、造山運動とよびます。スコットランドの地は、かつてカレドニアとよばれていました。そこでスコットランドの古い山脈の形成をカレドニア造山運動とよびます。

3.5.2 山脈は大陸の衝突でつくられた

　山脈はどうやってできるのでしょう。現在のヒマラヤ山脈は北に移動するインド亜大陸と、ユーラシア大陸が衝突する場所でできています。これを踏まえれば、かつてオルドビス紀に山脈が隆起したカレドニアの地でも、大陸どうしが衝突したと推論できるでしょう。では当時のスコットランドがどこに衝突したのかというと、それは北米でした。カレドニアの山々がアパラチア山脈と同じ時代の地層からできていることが、その証拠です。

　地層は本来、下が古く、上が新しいはずです。しかし、大陸どうしが衝

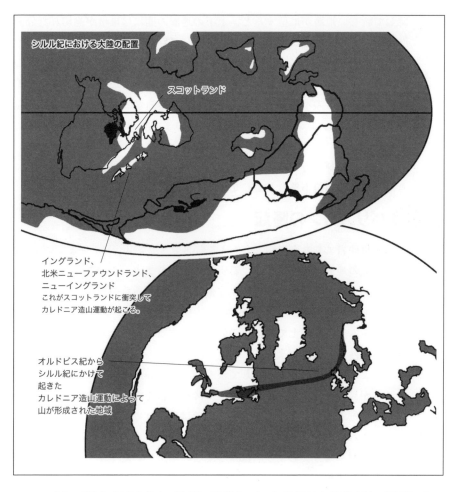

突して海をせばめると、海底に堆積していた地層はねじ曲がり、場所によっては上下がひっくり返ります。このような地質構造を褶曲（しゅうきょく）とよびます。

カレドニアの山々の、褶曲したシルル紀の地層を見ると、場所によってはそれを赤い色の砂岩が覆っている様子が観察できます。この地層は陸上で堆積した旧赤色砂岩です。旧赤色砂岩はデボン紀に堆積したものですが、カレドニアの山々よりも少し南に分布します。おそらく、隆起したカレドニアの山から削りだされた土砂が堆積したものなのでしょう。

地層が堆積した後、陸化することなどによって風化、浸食を受けると、地表に露出した部分は削られて不規則な形状になります。その後、再び沈

降して新しい地層が堆積すると、上下の地層の間には堆積が途切れた分の歴史的な空白があることになるでしょう。これを不整合とよび、上下の地層のあいだの不規則な境の面を不整合面とよびます。スコットランドのシッカーポイントという場所にある不整合は歴史上、最初に発見された不整合でした。この不整合はスコットランドの地質学者ハットンにより発見されたため、ハットンの不整合とよばれています。ハットンの不整合では、不整合面を境にして下位のシルル紀の地層と上位のデボン紀の地層のあいだで地層の延びの方向や傾き（走向・傾斜）が大きく異なります。このような不整合を傾斜不整合とよびます。

3.5.3 バリスカンの隆起

旧赤色砂岩よりさらに南、イギリス南部やフランス、ドイツまでいくと、デボン紀の地層は礁で堆積した石灰岩に変わります。このことから考えると、衝突した大陸は幅が狭く、すぐ南は浅い海だったのでしょう。しかしこの海も石炭紀に入ると陸上植物の生い茂る低地になって石炭が堆積し、続くペルム紀には陸上で赤い色の砂が堆積するようになります。この地層は新赤色砂岩とよばれます。

このことから南の海も隆起して浅くなり、ついには陸地になってしまったことが見て取れます。カレドニアの隆起に続くこの地殻変動をバリスカン造山運動とよびます。今度衝突したのはアフリカ大陸でした。このときに形成された山々は、現在ではドイツにあるエルツ山脈などとして残っています。バリスカンのよび名はかつてこの場所にいたゲルマン部族のよび名に出来します。

3.5.4 地球の内部構造

大陸はなぜ分裂・移動・衝突をするのでしょうか？　その要因を理解するには、まず地球の構造を簡略に知る必要があります。地球の半径はおよそ6371kmです。平均密度は水のおよそ5.5倍です。一番重いのが中心にある核で、半径はおよそ3500kmあります。核は鉄とニッケルからなり、液体からなる外核と固体からなる内核に分けられます。核の外側にあるのがマントルです。マントルはカンラン岩からなり、その厚さは2800kmほどです（深い場所では圧力で相転移して、カンラン岩は別の鉱物に変わり

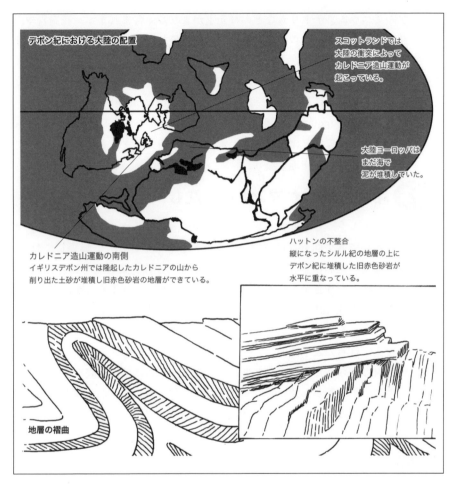

ます)。そしてマントルの外側を覆う固体地球の表層部分が地殻です。地殻は海底では厚みが 5km 程度しかなく、大陸のような場所でも 30-40km 程度で、地球全体から見れば薄皮でしかありません。

3.5.5 地殻は軽い物質でできている

地球全体で考えると地殻はかなり変わった領域です。たとえば地球表層にカンラン岩はほとんどありません。地殻のうち、大陸をつくるのはおもに花崗岩です。一方、海底(より正確には海洋底)をつくるのは玄武岩です。これらの岩石の組成をカンラン岩と比べると、マグネシウム、ケイ素、

アルミニウム、ナトリムなどの軽元素がより多く含まれます。花崗岩や玄武岩はマグマからできる岩石ですから、地殻とは、一度溶けたマントルから分離した軽い浮きかすのようなものなのでしょう。

密度を見ると、マントルをつくるカンラン岩は $3.3g/cm^3$ ですが、海底をつくる玄武岩は $3.0g/cm^3$ です。さらに軽いのが大陸をつくる花崗岩で、こちらは $2.7g/cm^3$ です。軽いために、花崗岩でできた領域は周囲よりも浮力で突き出ることになります。水は低い場所にたまりますから、軽くて浮き出た花崗岩が陸地となり、重くて沈んだ玄武岩の領域が海になります。

3.5.6 冷えた地殻がマントルに沈む

マントルをつくるカンラン岩が部分的に溶けるとマグマができます。マグマからできて間もない時期、岩石は熱をもっているので膨張しており、密度はより低い状態になっています。ところが冷えると物体は縮むので、密度が高くなります。陸地をつくる花崗岩は問題ありませんが、海底をつくる玄武岩は、時間が経過して冷えきってしまうと密度がマントルを超えます。そうしてついにはマントルの中へ沈み始めます。代表的な場所は、たとえば日本の太平洋沖合いです。海底が沈み込むと、その後ろに続く海底も引っぱられてずるずると動き出します。さらには、海底をつくる玄武岩のあいだで浮かんでいる陸地も一緒に動きます。これが大陸や島を動かす原動力となります。そして大陸どうしが衝突すると大陸はねじ曲がり、山脈ができます。

3.5.7 デボン紀のイギリスには火山があった

さて、スコットランドにあるカレドニアの山々を見ると、地層のあいだに花崗岩など、マグマからできた岩石が入り込んでいます。イギリスでは活発な火山活動がデボン紀に起こったということなのでしょう。

すでに述べたようにマントルを構成する岩石はカンラン岩です。つまり固体ですから、マントルの領域はどこでも岩石の融点以下だということになります。しかし、ここに水を含んだ海底が沈み込んでくると事情が変わります。水はさまざまなものの結合を切ってしまう性質をもちます。それゆえ、融点以下でも、岩石をつくる原子の結合は切れて融解し、マグマとなります。

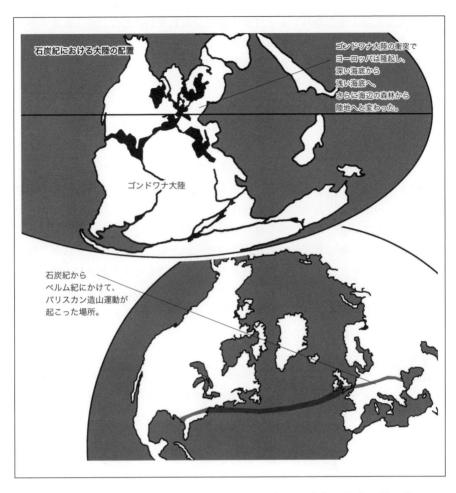

 日本は火山列島ですが、これは日本の太平洋沖合で海底が沈み込んで、列島直下のマントルに水を供給するからです。デボン紀からペルム紀にかけて海洋底が沈み込み、大陸どうしの衝突が起こったイギリスでは、現在の日本と同様、盛んに火山噴火が起きていたのでしょう。

3.5.8 ゴンドワナ大陸

 バリスカンの山々は、イギリスをつぶすようにアフリカが衝突したことでつくられました。

 当時、アフリカは南米や南極、オーストラリアなどとともにひとつの巨

大な大陸、すなわちゴンドワナ大陸を形成していました。つまり北米やイギリスに衝突したのは正確にはゴンドワナ大陸です。

　ゴンドワナ大陸の存在は化石や氷河の痕跡から推論されました。たとえばペルム紀の地層を調べると、現在では海でへだてられた南米やアフリカ、オーストラリア、さらにはインドからも裸子植物グロッソプテリスの化石がみつかります。グロッソプテリスは樹木であり、樹木が海を渡るのは非常に困難です。そこで19世紀の研究者は、これらの大陸はかつてひと続きだったのだろうと考えて、この仮想的な大陸にゴンドワナというよび名を与えました。当初、ゴンドワナ大陸は、それを構成する現在の大陸配置はそのままで、あいだにある海洋がかつては海ではなく陸地であったと考えられていました。しかし現在では大陸移動説に基づいて、ゴンドワナ大陸はばらばらにちぎれてそれぞれ移動し、南米、アフリカ、オーストラリア、インド、南極になったと考えられるようになりました。移動の証拠として古磁気もあげられます。それぞれの大陸の地層に残された古磁気を見ると南北の方角がばらばらです。しかし南北の方角を合わせていくと、大陸はひとつにまとまることがわかります。

3.5.9　パンゲア大陸

　ゴンドワナ大陸が北米などに衝突した後のペルム紀と三畳紀になると、ゴンドワナを含めて地球上のすべての大陸がひとつに合体して、パンゲアとよばれる超大陸を形成していました。

　地球に残された古い山脈の痕跡を見ると、パンゲアのような超大陸はこれまで何度か成立したようです。落下する海底が大陸どうしを引き寄せると、海底が沈み込む場所が集中します。するとほかのすべての大陸もそこへ引き寄せられるでしょう。だから超大陸ができるのかもしれません。

　こうして成立した超大陸は、しかしどれも分裂を始めます。パンゲア大陸もジュラ紀後期には本格的に分裂していきました。これは、地球の深部から熱いマントルが上がってきたことが原因のようです。

3.5.10　マントル対流の影響

　マントルをおもに構成するのはかんらん岩ですが、長い時間で見ると対流しています。岩石は固体です。固体は、それを構成する原子どうしがお

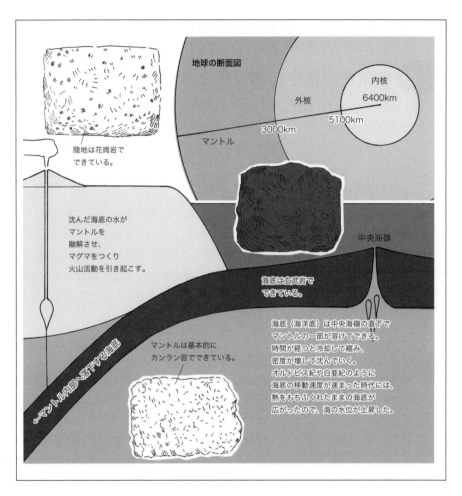

互いに結合しています。しかし結合の手、それ自体は離れたり、また結びついたりします。ですから、みんなが手をつないでいる固体であっても、離す、つなぐを繰り返せば、原子の配置は変形します。つまり岩石も長い時間スケールで見れば"流れる"わけです。

玄武岩である海底が、カンラン岩であるマントルに沈んでいけるのもこのためです。超大陸を合体させた海底は、軽い大陸を残してマントルの奥へ沈んでいくでしょう。大量の海底が、超大陸直下のマントルへ沈んでいくとしたら、反対に深部にあった高温のマントルがわき上がってくるでしょう。この動きが超大陸を引き裂いたのかもしれません。あるいは超大

陸ができると、そこでは地球の熱が逃げにくくなり、熱のこもったマントルが浮かんできて超大陸が引き裂かれるという考えもあります。

3.5.11 中生代の後半、海は底上げされた

　パンゲアが分裂を開始したジュラ紀、それに続く白亜紀になると、盛んに火山活動が起こりました。さらに海洋が大陸の低地や平野を広く覆いました。これは海洋底の移動速度が速まったためです。マントルが大きく対流すると、地球深部の熱が地球表面にまで運ばれるでしょう。海底の移動速度が速まるのはその影響かもしれません。

　そして沈む海底のいわば尻尾の部分では、地殻が裂けています。裂けた地殻を埋めるように下の高温の岩石がわき上がってきます。一部が溶けてマグマになり、それが冷えると玄武岩となって、新しい海底になります。海底は時間が経つと、移動しつつ冷えて縮みます。たとえば日本の太平洋側で沈んでいる海底は、はるかガラパゴス諸島近辺から来たもので、いまでは十分に冷えて縮んでいます。

　しかし、海洋底の移動速度が上がればどうでしょうか？　海洋底は縮まっていない状態で日本近海までくるでしょう。海洋底が膨らんでいるわけですから、海水はあふれ出し、大陸の平野を広く覆うでしょう。そのため、ジュラ紀から白亜紀にかけて海の水位（海水準）が大幅に上昇しました。ヨーロッパのジュラ紀から白亜紀、あるいは北米内陸部にある白亜紀の地層からアンモナイトや魚竜、首長竜、ウミトカゲ類などの海生動物の化石が豊富にみつかるのはこのためです。当時、これらの地域は底上げされてあふれた海水に覆われた、大陸海だったのです。

3.5.12 温室地球

　白亜紀には火山活動が盛んに起こりました。インドのデカン高原にある玄武岩台地は、その好例です。この盛んな火山活動が生じた理由は、マントルの熱のせいかもしれませんし、あるいは海底の移動速度が速まって水がマントルにどんどん供給されて融解が起きたせいかもしれません。火山は二酸化炭素を放出します。地球は温室効果で暖かくなりました。さらに、海の水は大量の熱を蓄えることができ、しかも海流がありますから、海によって地球の隅々まで熱が運ばれました。このため白亜紀の地球はどこに

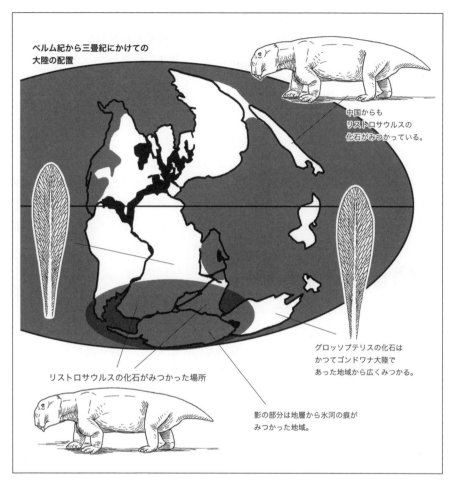

も氷河がない、暖かい惑星でした。これを温室地球とよびます。

3.5.13 アルプス造山運動

　大陸の分裂が進む一方、移動する大陸どうしが再び衝突することも起こりました。ヨーロッパとアフリカの衝突でできたのがアルプス山脈です。アルプスをつくる地層はおもに中生代に堆積したものです。山脈の形成は白亜紀後半から新生代にかけて進みました。

　アルプス山脈にあるジュラ紀と白亜紀の地層からみつかる化石は、アルプスのはるか東、ヒマラヤ山脈からもみつかります。19世紀の研究者は

アルプスからヒマラヤにかけてひと続きの海があり、そこに独特の生物がいたと解釈し、この海をテーチス海とよぶようになりました。

当時の研究者は大陸移動説以前の仮説で物事を理解したので、アルプス山脈とヒマラヤ山脈が一連の造山運動だと考えました。これは間違いですが、テーチス海という考え方自体は正しいものです。パンゲア大陸は南半球のゴンドワナ大陸と北半球の大陸が合体したもので、おおまかにいうとアルファベットのCのような形をしていました。そして、東側にある大きな湾のような形をした部分、ここがテーチス海であり、ほかの海域と違う独自の生物が栄えていました。そしてこの海の堆積物と化石をアフリカ大陸やインドが押しつぶしてできたのがアルプスであり、ヒマラヤ山脈なのです。テーチス海は現存しませんが、地中海などがその名残りといえるかもしれません。

3.5.14 南米の動物の絶滅

新生代は前半こそ暖かい時代でしたが、やがて寒冷化が進み、大陸氷河が高緯度地域に発達しました。このような寒冷な時代の地球を氷室地球とよびます。新生代後期での寒冷化の原因はヒマラヤ山脈の隆起や、南極が孤立化したせいかもしれません。また、大陸どうしが衝突すると、隔離されていた動植物がお互いに交流するようにもなります。ゾウはもともとアフリカ大陸で進化した動物ですが、アフリカとユーラシアの衝突がさらに進むと、ユーラシア大陸に移入しました。さらに北米にも侵入し、ついには南米に至ります。

南米は白亜紀以来、ほとんど孤立した大陸でした。一方、南米の太平洋沿岸では海底の沈み込みが起きて、火山が盛んに噴火しています。そして沈み込みに沿って島が誕生し、ついにパナマ地峡となって北米と南米はつながりました。およそ300万年前のことです。こうしてゾウを含めてさまざまな動物が南米に侵入したのです。その結果、有袋類を含む南米固有の哺乳類の多くが絶滅してしまいます。おそらく、北からやってきた動物との生存競争に敗れてしまったのでしょう。このように大陸の移動は多くの陸上生物の絶滅を引き起こしたことがわかります。

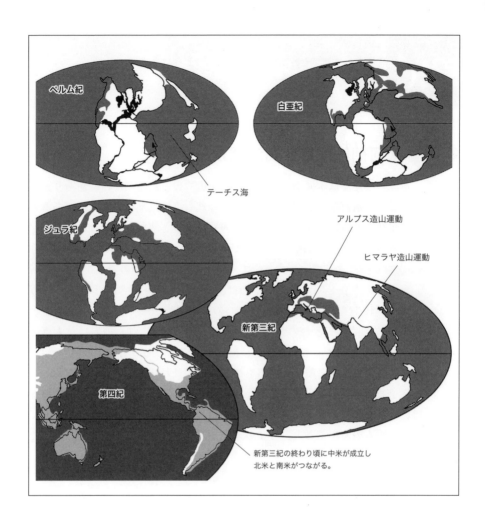

3.5 大陸の分裂・移動・衝突

3.6 氷河期

3.6.1 氷河期は氷期と間氷期からなる

　地球の歴史では氷河が拡大して陸上を広く覆った時期が何度かありました。これを氷河期とよびます。現在の地球も高緯度地域には氷河があるので、現在も氷河期です。しかし、氷河期はずっと寒いわけではなく、寒冷で氷河が発達する氷期と、温暖で氷河が縮小する間氷期（Interglacial stage）が繰り返しています。つまり、現在は間氷期なのです。

　氷河期の存在を明らかにしたのは、19世紀の化石魚類学者ルイ・アガシです。19世紀の初め、ヨーロッパの平原に転がっている巨大な岩がどのように運ばれてきたのが議論されていました。これらの岩は、大きさ10メートルを超えるものもあり、同じ種類の岩のある場所から何十キロ、あるいは何百キロと離れているものでした。これを迷子石とよびます。

　迷子石はノアの大洪水の証拠という考えもありました。しかし、アガシは、現在の氷河が巨大な岩を運んでいることから、迷子石は氷河によって運ばれたものであること、今より氷河が広がっていた時代がかつてあったことを明らかにしたのです。

　氷河は迷子石など、独特な堆積物を残します。それらを手がかりにして、20世紀になると4つの氷期があったことがわかりました。古い方からギュンツ氷期（Günz）、ミンデル氷期（Mindel）、リス氷期（Riss）、ヴュルム氷期（Würm）です。これらのよび名はいずれも研究対象になったヨーロッパアルプスにあるドナウ川の支流の名前に由来します。しかし、現在では、もっと多くの氷期があったことがわかったので、これらの名称はほとんど使われていません。

3.6.2 ミランコビッチ・サイクル

　氷期と間氷期は周期的に起こります。これが地球の天文学的運動に伴う日射量の変化で起こることを計算で示したのが、20世紀初頭のミランコ

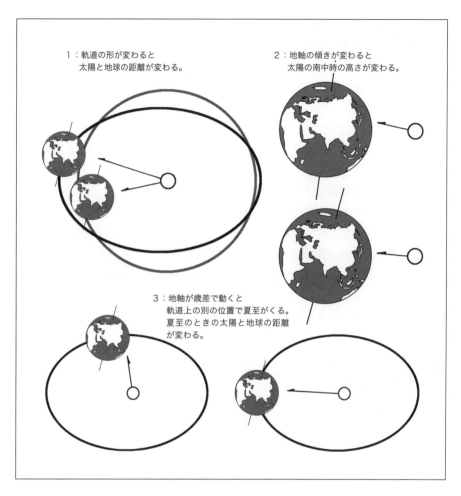

1：軌道の形が変わると太陽と地球の距離が変わる。

2：地軸の傾きが変わると太陽の南中時の高さが変わる。

3：地軸が歳差で動くと軌道上の別の位置で夏至がくる。夏至のときの太陽と地球の距離が変わる。

ビッチです。

　ミランコビッチは気候学者ケッペンの意見を参考にしました。それは、北半球高緯度地方の夏の日射量が減れば氷河の融ける割合が減り、氷河が拡大する、という指摘でした。そこで、日射量に影響を与える天文学的な要素として、ミランコビッチは次の3つを考慮しました。

　第一に地球の公転軌道の形です。地球の公転軌道は楕円ですが、長い間に変化し、よりひしゃげた楕円軌道になったり、反対にほとんど円に近い軌道になったりします。軌道の形が変われば、太陽との距離も変わります。すると太陽から受け止める熱の量も少し変化します。軌道の形の変化は約

10万年周期で起こります。

　第二の変化は地球の自転軸の傾きとその変動です。地球は自転軸を傾けたまま軌道を一周しています。そのため季節によって太陽の南中高度、つまり太陽が真南に来たときの高さが変わります。日本から見れば夏は太陽が高くなり、冬は太陽が低くなります。そして現在の地球の自転軸の傾きは23.4度ですが、これが21.8度から24.4度の範囲で変わります。つまり日本から見ると、太陽がいまほど高くならず夏が少し涼しくなる時代もあれば、太陽が少し高く、夏が少し暑くなる時代もあります。自転軸の傾きが変化する周期は4万1000年です。

　第三が地球の歳差です。これは地球の自転軸それ自体がゆっくりと回転している現象です。周期は2万6000年で、この変化によって冬至のとき、夏至のときの、地球と太陽の距離が変わります。一番太陽に近くなる時期に日本が夏を迎える時代もあれば、反対に冬を迎える時代もあるということです。

　以上の周期を考慮してミランコビッチが計算した北半球高緯度の夏の日射量の周期的な変化を、ミランコビッチ・サイクルとよびます。

3.6.3　深海に残された氷期の痕跡

　ミランコビッチ・サイクルは一時、否定され廃れてしまったことがあります。放射性炭素を使って氷期の年代を調べると、サイクルと合っていないように見えたからでした。しかし深海の堆積物から氷期と間氷期の周期をより長期間かつ連続的に調べることができるようになると、再び脚光を浴びることになります。深海の泥には浮遊性の有孔虫の化石が含まれています。この殻は炭酸カルシウムなので酸素が含まれます。この酸素の同位体を調べれば氷期による水温の低下がわかるのです。この調査を初めて行ったのはシカゴ大学のエミリアーニで、1950年代です。

　同じ元素でも、中性子の数が違うものを同位体といいます。酸素の同位体には、陽子と中性子の合計が16のもの、つまり酸素16と、合計の数が18になる酸素18があります。ほとんど酸素は酸素16で、酸素18はわずかです。酸素16と18は、重さの違いで化学反応の速度に多少の違いがでます。たとえば、水に溶けた二酸化炭素から炭酸カルシウムができるとき、水温が低いほど、重い酸素（つまり酸素18）が炭酸カルシウムに入り込

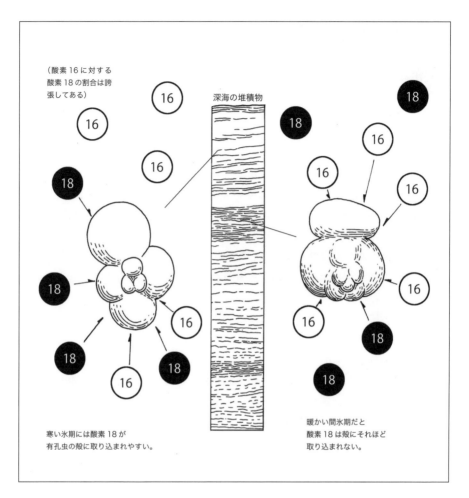

みやすくなります。つまり、氷期に入って水温が低くなると、有孔虫の殻に含まれる酸素 18 の量が少し増えるわけですね。これを利用して過去の水温、つまり古水温を算出するわけです。

3.6.4 有孔虫の化石から過去の水温を知る

有孔虫の化石は炭酸カルシウムですから、炭素も含まれています。ですから、いまから約 5 万年前までの化石ならば、放射性炭素同位体を使って年代を知ることができます。この方法で堆積物の年代を推定して、エミリアーニは、現在からおよそ 30 万年前までの海水温の変化を詳しく復元す

ることに成功しました。その結果は、ミランコビッチ・サイクルを支持するものだったのです。

3.6.5 氷河の水は海の水

氷河は雪が積もったものであり、雪のおおもとをたどれば海の水に行き着きます。このため、氷期になると海水が減ります。当然、浅い海は干上がって陸地になるので、ユーラシアと北アメリカをへだてるベーリング海峡が陸地になるということも起こりました。ゾウなどの動物が、この通路を通って北アメリカに侵入しています。（ただし、のちに人間が同じ経路で新世界に侵入すると、新世界のゾウなどは滅びてしまいました）。

反対に間氷期になると氷河が融けて水位が上がります。第四紀にはこうした海の水位の変動が繰り返し起こりました。石炭紀のサイクロセムもミランコビッチ・サイクルによる海の水位の変化によるものだと考えられています。

さらに、海の水が陸の氷になる、という現象は先のエミリアーニによる古水温の研究にも影響を及ぼしました。

水の分子にも酸素 16 を含む軽いものと、酸素 18 を含む重いものとがあります。そして軽い水のほうが蒸発しやすいのです。海の水が氷河になるということは、蒸発しやすい軽い水により富む氷河になることです。結果的に、海の水は以前よりも酸素 18 を含む重い水が多くなります。

有孔虫は周囲にある元素を使って殻をつくりますから、水温の低下だけでなく、このいわば煮詰まりの影響も受けます。ですから、有孔虫の殻に含まれる酸素 18 の増加が、すべて水温の低下によるものと考えたら、実際以上に水が冷たかったと計算してしまうことになります。エミリアーニは氷期における熱帯の海の水温の低下は 7 度ほどになると考えました。しかし、以上の影響を差し引くと、熱帯の水温の低下は 2.5 度ほどであると考えられています。とはいえ、これは水温の振れ幅の話です。明らかにされた氷期、間氷期の繰り返しとその周期は正しいものでした。

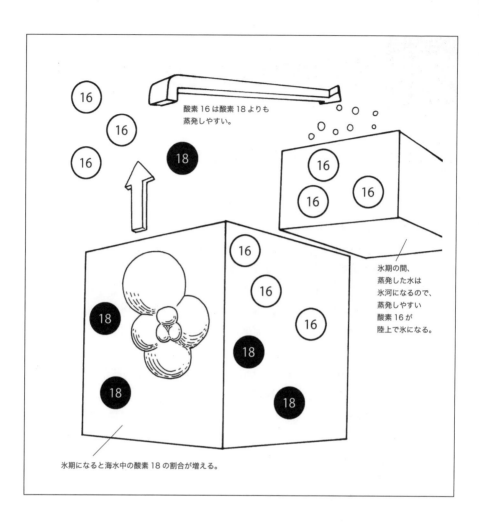

3.7 古生物学の歴史

3.7.1 斉一説とそれ以前の激変説

　斉一説という考えがあります。地質学と古生物学はこの斉一説抜きには成り立ちません。この本の最後に、斉一説とそれに先立つ大洪水と激変説、そしてそれにまつわる古生物学の歴史を見ていきましょう。

　まず、17〜18世紀ごろのヨーロッパの地質学と古生物学には、キリスト教と聖書の影響がみられます。聖書に記述された地上を覆う大洪水は、水底で堆積した地層と化石が山の上にあることを説明してくれます。その一方で、地上を覆う大洪水は、現在の気象や人間が知る物理学からはちょっと想像できません。つまり、大洪水で地質や化石を説明することは、現在からは考えられない現象で過去を説明する考えでもありました。こういう考えを天変地異説や激変説とよびます。19世紀初頭の解剖学者キュビエの考えにも、こうした世界観がまだ残っていました。

　激変説に対し、スコットランドの地質学者ハットンは、18世紀末に、過去は現在を注意深く観察することで理解できると主張しています。このように、過去の現象も現在の自然現象と同様のものであるとする考え方が斉一説です。

　斉一説にはいろいろな側面があります。たとえば、現在観察できる出来事だけから過去を考えるという意味もあります。あるいは、現在と過去は同じ物理法則に従う、という意味合いもあります。また現象が起こる速度は現在も過去も同じだ、という意味合いもあります。

　以上、どの意味を取るにしても、斉一説の立場から考えれば激変説は支持されません。

3.7.2 ライエルは斉一説の漸次的な側面を強調した

　しかし、同じ斉一説という言葉でも、どの意味合いを強調するかで、内容がずいぶん違ってくる場合もあります。19世紀初頭、スコットランド

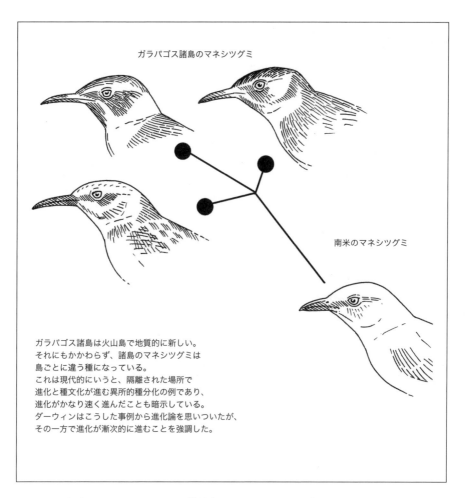

ガラパゴス諸島のマネシツグミ

南米のマネシツグミ

ガラパゴス諸島は火山島で地質的に新しい。
それにもかかわらず、諸島のマネシツグミは
島ごとに違う種になっている。
これは現代的にいうと、隔離された場所で
進化と種文化が進む異所的種分化の例であり、
進化がかなり速く進んだことも暗示している。
ダーウィンはこうした事例から進化論を思いついたが、
その一方で進化が漸次的に進むことを強調した。

で生まれたイギリスの地質学者ライエルは、一見すると天変地異でつくられたように見える地質現象も、現在も起きて進行している、わずかな浸食や堆積、あるいは土地の沈下と隆起で説明できると主張しました。ライエルの考えは、斉一説がもつ、現象が起こる速度は一定である、という側面を強調したものだといえるでしょう。

3.7.3 斉一説を生物に当てはめたダーウィン

ライエルが主張した速度の一定性を強調する考えは、ダーウィンの進化理論に非常に色濃く反映されています。ダーウィンが進化理論を思いつい

たのはガラパゴス諸島を訪れたときだといわれています。ガラパゴス諸島は火山島で、溶岩が冷えてできた目新しい岩もあります。その一方で、そこには南米のマネシツグミの近縁種がすんでいます。つまり地質学的にはごく最近できた島にたどりついた鳥が、かなり短時間のうちに別種に変わったことが見て取れます。実際、ダーウィンは1859年に出した著書「種の起源」の中で、進化の速度が一定でないことも示しています。

しかし、そうであるにもかかわらずダーウィンは、進化が少しずつ一定に、つまり漸次的に進むことをむしろ強調しました。斉一説がもつこうした側面を強調したのは、時間の経過を知る上で、当時はある程度有効だったからかもしれません。たとえばダーウィンは「種の起源」の中で、浸食が一定だと仮定して、ある地形を3億年かかって形成されたと見積もりました。実際には、この地形は白亜紀以降のものなので数倍の誤差があることになります。しかし、当時の物理学者たちが考えた地球年代よりはまだしも正しいものでした。この時代、放射年代測定がまだありません。この状況で生物や地球の歴史を扱うには、変化の速度は取りあえず一定だと考えざるをえなかったのでしょう。

3.7.4 進化学の発展と進化速度の受け取りの変遷

進化は生物の歴史ですから、進化理論は古生物学にとっても重大な意味をもっていました。進化は集団中にある変異の頻度が変わることです。変異がどう遺伝するのか、その仕組みを明らかにしたのは19世紀末のメンデルです。20世紀に入るとイギリスの統計学者フィッシャーが、メンデル遺伝に基づいて進化の動態を統計学的に説明することに成功しました。これを集団遺伝学といいます。さらに1950年代には、動物学者マイヤー、遺伝学者ドブジャンフスキー、古生物学者シンプソンらによって、これらの知見を総合して進化を説明する総合学説が提唱され、普及していきました。

マイヤーは、生物が別種に進化する過程では隔離が重要であることを強調しました。たとえば離れ小島などにたどり着いた鳥やネズミは、もとの集団から隔離され、交配できません。つまり変異の頻度変化が共有されなくなります。当然、隔離された集団は異なる進化の道を歩み、別種になります。異なる場所で新種が分化するので、これを異所的種分化とよびます。

タガニック階	眼が15列	グールドとエルドリッジが進化の断続平衡としてあげた例。デボン紀の三葉虫ファコプスの眼にある列が、18、17、15と連続的に変化する。
ティオグニオガ階	眼が17列	
ガゼノヴィア階	眼が18列	当初グールドたちは、分布の周辺地域で隔離されたファコプスたちが急激に進化し、それが拡大してもとの集団に置き換わったと説明した。

ファコプス（デボン紀の三葉虫）の眼は小さな個眼が列になっている。

　さらに集団遺伝学の知見から考えると、隔離された小さな集団では、変異の頻度が急激に変わることが考えられました。つまり進化の速度は一定ではなく、地質学的にはごく短時間で新種が誕生することもありうるわけです。この時代になると放射年代測定も発見され、さらに生物学の知見も増大していました。ダーウィンの時代と比べると、進化の速度を一定だと強調する必要性が薄れたともいえるでしょう。

3.7.5 断続平衡説

　すでに見たように、ダーウィンは、生物の進化は漸次的かつ連続的に進

むことを強調しました。しかし、地層に含まれる化石を見ていくと、形態が急激に変わることがあります。これをダーウィンは、地層の欠如によって生じた見かけ上の変化だと解釈しました。実際、隆起した地層が化石もろとも侵食されてなくなってしまえば途中の化石記録は残りません。すると一見すると急激な置き換わりが起きたように見えるはずです。

これに対して、化石記録が示すように、生物の進化は実際に長いあいだ停滞したり、急激に進むと考えたのが、アメリカの古生物学者グールドとエルドリッジです。彼らはこの現象を断続平衡とよび、これを説明する理論を1970年代に発表しました。これが断続平衡説です（分断平衡説というよび方もあります）。ただ、グールドたちの説明は以下に述べるように時代によって内容が変わるので、少し混乱した部分があります。

グールドたちはデボン紀の三葉虫ファコプスの複眼に注目しました。節足動物の複眼は小さな個眼が集まってつくられています。地層と時代ごとに産出するファコプスの複眼を見ると、個眼の列が18、17、15と断続的に変わります。「おそらく、ファコプスの分布している地域の周辺で、ほかから隔離されたファコプスの小集団がいたのだろう。そこで急激に進化が起き、その集団がもとの地域に戻ってきて、そこにいるファコプスと置き換われば断続的な進化を説明できる。」グールドたちはそのように考えました。もちろん、これだけなら動物学者マイヤーなどが考えた異所種分化と変わりません。ありうる解釈です。

3.7.6 その後の展開

しかし断続平衡説はその後、ちょっと奇妙な経緯をたどりました。グールドらに賛同した研究者スタンリーは、進化は個体ではなく、種が淘汰されることで起こるのだ、と主張しました。そしてグールドたちも種が淘汰されるモデルで断続平衡を説明するようになります。しかし、淘汰とは生物の個体がどれだけ子孫を残せたのかという事柄です。つまり淘汰されるのはあくまでも個体であって、種ではありません。スタンリーやグールドがいう、種が一団となって淘汰されるとはどういうことなのか？　それが成立するとしたらどんな条件が必要で、それは実際に成り立つものなのか？　こうした疑問にグールドたちは十分に答えることができませんでした。種淘汰もほとんど認められていません。

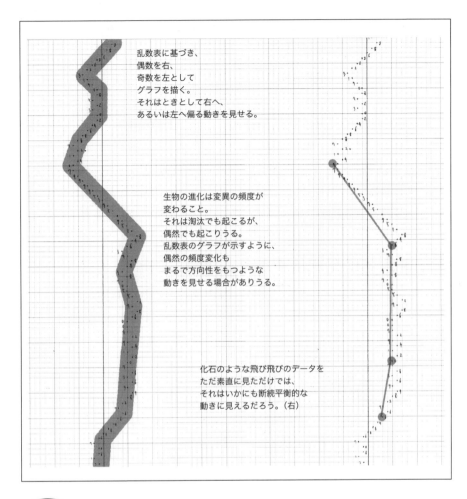

3.7.7 その進化に淘汰は働いているのか？

むしろ断続平衡説をめぐる議論から、化石記録をの新たな見方が育つことになります。一見すると断続的に進む進化。しかしそれは種淘汰などをもち出す以前に、そもそも淘汰で引き起こされていると考えてよいのか、という問題です。たとえば縦に中心線を引き、サイコロを振って偶数のときは右、奇数のときは左に振れるようにグラフを描いてみます。偶数と奇数の出る割合は同じですから、それだけを考えればグラフは左右に振れるだけで、中心から極端に外れることはありません。しかし、実際には奇数

の目が何度も続くことがありえます。反対に偶数の目が続くこともありえます。そうするとグラフは急に大きくずれることになります。

生物の進化は、集団における変異の頻度変化のことでした。頻度変化は自然淘汰でも起こりますが、偶然に変わることもあります。さらに、いま述べたサイコロの例は、淘汰がなくても急な変化が起こりうることを示しているのです。つまり、断続的な進化が起きているから、これを淘汰で説明しなければ、と考える前に、そもそもこれは淘汰で説明しなければいけないものなのか、それをまず判定する必要があるということです。

現在は化石記録を解析して、その進化が単なる偶然で引き起こされた現象なのか、あるいは何らかの淘汰によって引き起こされたと考えてよいのか、それを統計的に判定する方法も開発されています。

3.7.8 天体衝突説は議論をよび起こした

以上、斉一説をひとつの軸として古生物学の歴史を見てきましたが、20世紀末に起こった激論もこの一環として眺めることができるでしょう。それは地球科学者ウォルター・アルバレスたちによって1984年に提案されたものです。最初の発見は、白亜紀と古第三紀の境界部の地層に異常な量のイリジウムが集積していることでした。イリジウムは鉄と親和性が強い元素で、地殻にはほとんど存在しません。地上のイリジウムは宇宙から降ってきた細かいチリに由来します。それが異常に多いということは、かなり大きな天体が地球に衝突した証拠でしょう。そしてちょうどのそのとき、白亜紀末の大量絶滅が起こっているように見えます。このことからアルバレスたちは、白亜紀末期の大量絶滅は、地球外天体の衝突で引き起こされたと主張しました。

アルバレスたちの説明に対して、いく人かの地質学者は火山噴火による説明を試みました。しかし、白亜紀末に形成されたクレーターがユカタン半島に発見され、さらに衝突した際にできた衝撃を受けた石英など多くの証拠が世界各地からみつかりました。こうして天体衝突による白亜紀末の大量絶滅説は、現在は広く支持されるようになりました。

しかし、ここに至るまでには非常に激しい議論がありました。天体衝突説がなかなか受け入れられなかったのは、それが激変説の復活に見えたからである、という解釈があります。ライエルやダーウィン以来、地質学や

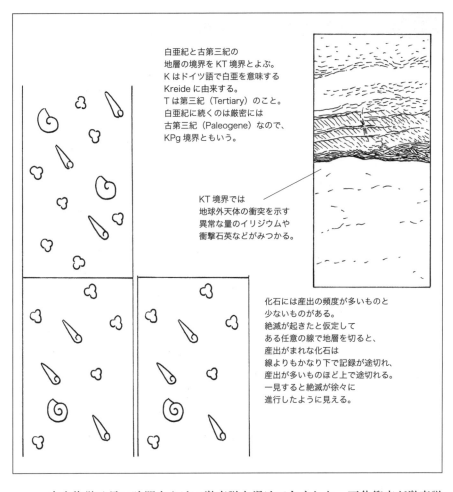

　古生物学は長い時間をかけて激変説を退けてきました。天体衝突が激変説に見えたのなら、それに拒否反応を起こすのは当然でしょう。また、人類は大型天体の地球衝突を目撃してはいません。もしも斉一説を、現在観察できる現象から過去を推し量る主義だとみなした場合、天体衝突説は受け入れられないことになります。

　反対に、斉一説とは、過去も現在と同じ物理法則で扱う、という主張でとらえた場合、地球を覆う大洪水はありえないと拒否しても、単なる物理現象である天体衝突を拒否することはないでしょう。斉一説をどう考えるかによって、天体衝突説の受け止めは大きく変わりえます。

3.7　古生物学の歴史 | 181

3.7.9 化石記録は過去そのものではない

　アルバレスたちの天体衝突説は化石記録の解釈にも影響を及ぼしました。化石を見ると天体衝突の前から、生物が衰退しているように見えるのです。天体衝突は衰退した生物にとどめを刺しただけとも解釈できます。

　しかし 1985 年、古生物学者シニョールとリップスは、化石になりにくい生物ほど記録が早く途切れてしまうので、絶滅が瞬間的に起きても、化石記録を見ると、絶滅が徐々に進行したように見えることを明らかにしました。この現象をシニョール・リップス効果とよびます。

　化石は過去の生物の遺骸ですが、古生物そのものではありません。それと同様、化石記録も、過去の自然現象そのものではなかったのです。かつてダーウィンが考えたように、地層が破壊されれば化石も破壊されます。反対に、たまたま化石が残りやすい時代と場所では豊富な化石がつくられます。そこにいた生き物は化石が残りますが、そこにいなかった生き物は記録に残りません。

　あるいは研究者の熱意も影響を及ぼします。アンモナイトは天体衝突で突然滅びたのか、あるいはその前から衰退していたのか、それを判定するために白亜紀と古第三紀の境界線から下 1.5 メートルが盛んに調べられました。しかしそれ以下の地層はそこまで熱心に調べられていません。こうした熱心さの違いも化石記録に当然影響を及ぼします。

　最近では影響を及ぼすこれらの要素を考慮して化石記録を判定することが行われています。たとえば、化石記録を素直に見ると、アンモナイトは天体衝突以前に徐々に滅びていくように見えます。しかし、化石記録に影響を及ぼす要素を考慮して統計的に判断すると、アンモナイトがほとんど一斉に姿を消したことが推し量れるようになってきました。断続平衡説の問題もそうでしたが、化石記録をどう判定するのか？　近年の古生物学ではこうした研究が進められるようになっています。

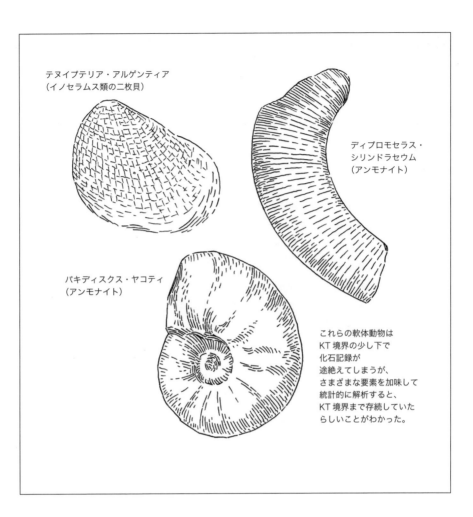

索引

あ

アノマロカリス　14, 87
アンモナイト　24, 42, 96, 149
維管束　116
異地性化石　63
インデックス・フォッシル　148
ヴェンド生物　8, 79
ウミサソリ　20, 85
ウミユリ　31, 100
エディアカラ紀　8
エディアカラ生物群　8, 78
猿人　54
円石藻類　72
オウムガイ　18, 96
オムニオタ　110
オルドビス紀　16
温室地球　165

か

外群比較　144
海綿（動物）　74
化学化石　60
カギムシ　86
化石　60
化石層序学　149
化石続成作用　66
化石帯　149
顎口類　106
カブトガニ　85
花粉　118
完新世　59
間氷期　168
カンブリア紀　12
擬化石　68
逆磁極期　153
旧人　58
鋏角類　84
暁新世　48
共有派生形質　143
恐竜　112
棘魚類　107
棘皮動物　100
キンベレラ　10
珪藻　73
系統学　136
頁岩　14
原始形質　142
原人　58
顕生累代　1
原生代　4
原生生物　72
現地性化石　62
剣尾類　85
甲殻類　86
膠結作用　64
硬骨魚類　107
厚歯二枚貝　44
縞状鉄鋼層　6
更新世　56
広翼類　85
コケムシ（動物）　90
古細菌　70
古磁気　152
古磁気層序学　154
古生代　1
古生物　60
古第三紀　48
コノドント　16, 105
古杯類　12, 74

ゴンドワナ大陸　28, 162

さ

斉一説　174
サイクロセム　30, 172
砕屑岩　62
最節約　144
サンゴ　76
三畳紀　36
三葉虫　12, 82
シアノバクテリア　70
磁極期　153
示準化石　16, 31, 148
始新世　49
始生代　4
自然淘汰　138
四放サンゴ　76
刺胞動物　76
獣脚類　112
褶曲　157
収斂　146
珠角石類　96
種子植物　119
ジュラ紀　40
主竜類　112
礁　12
条鰭類　108
鞘形類　99
床板サンゴ　21, 76
初期の猿人　54
植物　114
シルル紀　20
真核生物　70
新人　58
新生代　2
真正細菌　70
新第三期　52
ストロマトライト　70
生痕化石　60

正磁極期　153
生層序学　149
生物岩　64
生物擾乱　64
正筆石類　103
脊索動物　104
石炭紀　28
脊椎動物　104
石灰岩　64
石灰藻　71
節足動物　82
先カンブリア時代　1, 4
全球凍結　6
鮮新世　54
漸新世　50
層位学　149
双弓類　38, 112
層孔虫　74
造山運動　156
層序学　149
相対年代　150

た

体化石　60
第四期　56
大陸移動　156
大量絶滅　19, 26, 34, 38, 46
単弓類　33, 110
炭素14法　154
断続平衡説　178
地層　62, 148
チャート　66
中新世　52
中生代　2
直角貝　96
鳥盤類　112
ディッキンソニア　78
デボン紀　24

頭足類　93

な

内角石類　95
軟骨魚類　106
軟体動物　92
肉鰭類　26, 108
二枚貝（類）　92
二命名法　133

は

バイオマーカー　61
白亜紀　44
バクテリア　70
バクテリアマット　9
派生形質　142
バージェス頁岩　14
爬虫類　111
葉の起源　116
半化石　60
パンゲア　32, 162
半減期　150
半索動物　102
板皮類　106
比較解剖学　124
微化石　60
被子植物　46, 120
氷河期　6, 19, 168
氷期　168
氷期・間氷期サイクル　56
標準化石　148
フィッション・トラック法　154
腹足類　92
フズリナ　30, 72
不整合（面）　158
筆石　16, 102
分岐学　143
分岐図　144

分子化石　60
糞石　60
分類学　132
分類群　136
ヘッド・プロブレム　88
ペルム紀　32
ベレムナイト　42, 99
縫合線　34, 97
放散虫　72
放射性元素　150
放射年代　150
哺乳類　110
ホモ・サピエンス　58
ホモ属　57

ま

巻貝　92
ミランコビッチ・サイクル　170
無性世代　114
冥王代　4

や

有孔虫　72
有性世代　114
有羊膜類　110
ヨルギア　80

ら・わ

裸子植物　42, 120
藍色細菌　70
ラン藻　70
竜脚形類　112
竜盤類　112
両生類　109
六放サンゴ　77
腕足動物　90

監修者紹介

棚部一成　理学博士
1976年　九州大学大学院理学研究科博士課程修了
東京大学大学院理学系研究科教授、東京大学総合研究博物館特招研究員などを経て、
現　在　東京大学名誉教授、東京大学大学院理学系研究科客員共同研究員

著者紹介

北村雄一
1991年　日本大学農獣医学部卒業
現　在　サイエンスライター兼イラストレーターとして、進化や深海などの分野を中心にサイエンス情報の発信に努める。http://www5b.biglobe.ne.jp/~hilihili/

NDC 457　191 p　21 cm

絵でわかるシリーズ
絵でわかる古生物学

2016年6月10日　第1刷発行

監修者	棚部一成	
著　者	北村雄一	
発行者	鈴木　哲	
発行所	株式会社　講談社	
	〒112-8001　東京都文京区音羽2-12-21	
	販売　(03)5395-4415	
	業務　(03)5395-3615	
編　集	株式会社　講談社サイエンティフィク	
	代表　矢吹俊吉	
	〒162-0825　東京都新宿区神楽坂2-14　ノービィビル	
	編集　(03)3235-3701	
印刷所	豊国印刷株式会社	
製本所	株式会社国宝社	

落丁本・乱丁本は、購入書店名を明記のうえ、講談社業務宛にお送りください。送料小社負担にてお取り替えします。
なお、この本の内容についてのお問い合わせは講談社サイエンティフィク宛にお願いいたします。定価はカバーに表示してあります。

Ⓒ Kazushige Tanabe and Yuichi Kitamura, 2016

本書のコピー、スキャン、デジタル化等の無断複製は著作権法上での例外を除き禁じられています。本書を代行業者等の第三者に依頼してスキャンやデジタル化することはたとえ個人や家庭内の利用でも著作権法違反です。

|JCOPY| 〈(社)出版者著作権管理機構　委託出版物〉
複写される場合は、その都度事前に(社)出版者著作権管理機構（電話03-3513-6969, FAX 03-3513-6979, e-mail: info@jcopy.or.jp）の許諾を得てください。

Printed in Japan
ISBN 978-4-06-154777-3